U0571347

流体力学基础

张 攀 李红艳 郑海成 编 著

北京理工大学出版社
BEIJING INSTITUTE OF TECHNOLOGY PRESS

内 容 简 介

本书是流体力学的基础教材，介绍了流体力学的发展历史、流体力学与多个工程领域内容间的联系和基本研究方法，着重论述了流体力学中的基本原理和方法，主要内容包括：流体及其主要物理性质、流体静力学、流体运动学、流体动力学的积分方程和微分方程、相似理论与量纲分析、管道内的流动和可压缩流动基础等章节。

本书尽量略去了一些烦冗的数学推导和过于抽象的内容，尽可能多地通过图片展现它们；尽可能地从基本的物理定律和概念出发推导相关定理和基本方程；体现工科专业教材特点，注意理论与工程实际相联系，注意前导课程内容与本课程内容间的联系与区别，同时对一些容易混淆的概念做了深入辨析；行文通俗易懂，力求深入浅出。各章节后附有综合性或设计性习题。

本书可作为高等学校能源动力类、机械类、油气储运、化工和环境工程等专业本科生的流体力学教材，也可供相关专业的科学研究和工程技术人员参考。

版权专有　侵权必究

图书在版编目（CIP）数据

流体力学基础/张攀，李红艳，郑海成编著. —北京：北京理工大学出版社，2017.8（2022.6 重印）

ISBN 978 - 7 - 5682 - 4728 - 3

Ⅰ.①流… Ⅱ.①张… ②李… ③郑… Ⅲ.①流体力学 - 高等学校 - 教材 Ⅳ.①O35

中国版本图书馆 CIP 数据核字（2017）第 205707 号

出版发行 / 北京理工大学出版社有限责任公司
社　　址 / 北京市海淀区中关村南大街 5 号
邮　　编 / 100081
电　　话 / （010）68914775（总编室）
　　　　　 （010）82562903（教材售后服务热线）
　　　　　 （010）68944723（其他图书服务热线）
网　　址 / http：//www.bitpress.com.cn
经　　销 / 全国各地新华书店
印　　刷 / 三河市天利华印刷装订有限公司
开　　本 / 787 毫米 × 1092 毫米　1/16
印　　张 / 12　　　　　　　　　　　　　　　　　　　　　责任编辑 / 封　雪
字　　数 / 290 千字　　　　　　　　　　　　　　　　　　文案编辑 / 张鑫星
版　　次 / 2017 年 8 月第 1 版　2022 年 6 月第 4 次印刷　　责任校对 / 周瑞红
定　　价 / 35.00 元　　　　　　　　　　　　　　　　　　责任印制 / 施胜娟

图书出现印装质量问题，请拨打售后服务热线，本社负责调换

前　　言

随着科技水平的不断提高，流体力学的研究方向和应用范围在不断扩大。流体力学课程在高等学校各工科专业体系中越发受到重视。本书就是在这种需求和当前高等教育改革的要求下促成的。作者们在总结多年教学经验的同时，较为广泛地浏览了近些年来国内外的相关新版教材和专著，力求在章节编排和选材上反映学科进步、符合教学规律、适应教学改革的需求。

全书共 8 章，第 1 章介绍了流体力学的研究对象、研究任务、发展历史、研究方法，说明了流体力学基础理论与多个工程领域的联系。第 2 章重点讨论流体的力学性质，这是流体力学理论区别于固体力学的根本原因。第 3 章主要讨论流体静止的基本方程，及其在各种静止状态下的应用。第 4 章讨论描述流体运动的基本方法和重点讨论流线、迹线方程。第 5 章通过建立系统与控制体物理量间的关系，把牛顿力学中的动力学方程推广到流体中获得流体动力学方程，并介绍它们的工程应用。第 6 章重点介绍相似原理、量纲分析方法及其应用。第 7 章讨论工程中广泛存在的通道流动问题，说明流量和阻力损失的计算方法。第 8 章介绍气体动力学基础。全书为读者提供流体力学的基础知识，能够满足读者分析工程领域的基础流体力学问题的要求，同时也是读者进一步学习高等流体力学的基础。

本书尽量略去了一些烦冗的数学推导和过于抽象的内容，尽可能多地通过图片展现它们；尽可能地从基本的物理定律和概念出发推导相关定理和基本方程；体现工科专业教材特点，注意理论与工程实际相联系，注意前导课程内容与本课程内容间的联系与区别，同时对一些容易混淆的概念做了深入辨析；行文通俗易懂，力求深入浅出。

本书由张攀、李红艳、郑海成编著，其中第 3、4 章由李红艳、张攀合编，第 5 章由郑海成编写，其余由张攀编写并统稿。

书中部分例题和习题是参考、借鉴其他教材中的，在此向有关作者致谢。由于作者的水平有限，不妥与谬误之处在所难免，恳请广大读者、专家给予批评指正。

编著者

目　　录

第1章　绪　论

本章主要介绍流体的基本概念、流体力学的范畴；介绍流体力学理论在人们生活和生产过程中的应用；介绍流体力学理论的发展历史及其研究方法。

1.1　流体和流体力学

1.1.1　流体的概念

世界是物质的。物质形态万千，大至日月星辰等天体，小到原子、电子等微粒，它们都是不依赖于人们意识而存在的客观实体。物质处于永恒的运动和变化之中，物质的运动形式多样，它们既服从共同的普遍规律，又各具特征。各种物质总是以一定的聚集状态而存在着。通常认为物质有五种不同的物理聚集状态，即气态、液态、固态、等离子态和凝聚态。物质处于什么状态与外界条件密切相关。在人类生活和工程技术领域的压力和温度条件下，物质主要呈现气态、液态或固态。

从物质形态上看，**流体是气态和液态物质的总称**。大气和水是最常见的两种流体，大气包围着整个地球，而地球表面70%是水。流体运动状态与人类日常生活和生产密切相关，例如，大气运动，海水运动（包括波浪、潮汐、中尺度涡旋、环流等），管道及河道渠道中的流动，人体中血液的流动，运动物体（空中、水面上、水下及地面交通工具等）附近的流体运动，动力机械里的油（气）或油气两相流动，乃至地球深处熔浆的流动、星系的运动等。

1.1.2　流体力学的范畴

所谓**流体力学**，就是研究流体这类物质（气体和液体）的一门力学学科，其基本原理与理论力学、材料力学等研究固态物质的力学原理相同。如果说力学是研究物质的受力、能量与其平衡、变形或运动状态关系的学科。那么，可以说流体力学就是研究流体的受力、能量与流体的平衡、变形或运动关系的学科。力学可区分为静力学、运动学和动力学三部分，流体力学也可以粗略地划分为三大部分：流体静力学、流体运动学和流体动力学。流体静力学研究流体处于静止状态时的规律；流体运动学讨论在不考虑受力的条件下，流体运动的速度和一些流动显示的表达等；流动动力学分析流体运动状态（速度分布）与其受力间的关系，更多场合中，**流体动力学的最终研究目标是考察流体与固体间的相互作用**，如飞机受到什么样的空气作用力等。

由于在很多力学性质上有别于固体物质，如图1-1所示的气、固、液三态物质是否有固定形状、是否有固定体积、静止时的应力状态等方面的差异，流体力学里的静力学、运动学和动力学要比理论力学、材料力学中的理论更为复杂。

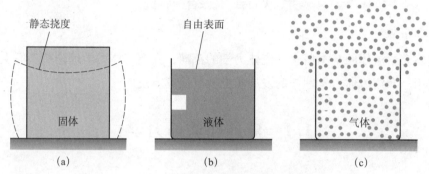

图 1-1　气固液三态物质的宏观差异
(a) 固体；(b) 液体；(c) 气体

当人为地把流体按不同特性划分时，还可以把流体动力学按不同的特性分为理想流体动力学、黏性流体动力学、不可压缩流体动力学、可压缩流体动力学和非牛顿流体力学等。不同动力学模型的侧重点不同，如理想流体动力学，即经典流体动力学，在很大程度上是一门数学分支学科，它处理的是没有黏性的理想流体。这样不考虑实际流体全部属性所得到的结果，其实用性是有限的。比如对管道流动来说，不考虑流体黏性的结果是流体在管道截面上的速度分布是均匀的，但实际并非如此。现代流体力学的一个非常重要的特点是考虑真实流体的各种特性，将流体力学基本原理与实验数据相结合，分析对实际工程有意义的流动问题。

1.2　流体力学与生活、工程的关系

1.2.1　生活中的流体力学

我们生活在一个流体的世界里，生活中的很多经验都是在经意或不经意中巧妙地掌握和运用了流体力学的原理获得的。如高尔夫球，其表面最开始是做成光滑的，后来人们发现表面破损的旧球反而打得更远。研究表明正常速度下的粗糙高尔夫球周围的气体流动更易趋于湍流流动，从而使高尔夫球的阻力系数降低，球打得更远。自汽车问世以来，其外形经历了较大的变化，最早的汽车外形是传统马车的箱形。随着人们对汽车阻力来源的不断认识，汽车的外形出现甲壳虫形、船形、鱼形、楔形等，其阻力系数从0.8、0.6、0.45、0.3到0.2不断降低。可以说汽车的发展历程就是人们对流体力学不断认识的过程。导流罩是影响和提升卡车动力特性的重要装置，研究表明，安装导流罩可使厢式货车表面的空气流动形态发生重要变化，流动形态的改变可大幅度的减小气动阻力，如图1-2所示。再如足球中的"香

蕉球"和乒乓球中的弧旋球都是由于球的旋转运动,造成球周围的空气压力不均衡,从而对球有指向一侧的空气压力造成的。

流体力学中的能量方程——伯努利方程可以解释很多物理现象。如飞机起飞,飞机机翼的横剖面是一个上缘向上拱起,下缘基本平直的形状。当气流吹过机翼上下表面且同时从机翼前端到达后端,从上缘经过的气流速度就要比下缘的快。简单地按照伯努利方程解释为:动能大的上表面气流的压力能就小。因此机翼上表面大气压强比下表面要小,即产生了升力,升力达到一定程度飞机就可以离地而起。

图 1-2　卡车导流罩流动形态（Samimy M 2004）

再如,两个并行的船舶很容易发生碰撞,浅水区航行的船舶很容易搁浅,是因为当两船并行时,两船间的水流较快,压力较小,两船外侧的水流相对较慢,压力较大,在内外压力差的作用下,两船就容易撞在一起。浅水区中船底与河床间距离小,水流速度大,而水压小,在压力差的作用下船容易搁浅。就如人在马路上,如果有汽车高速从旁驶过,会感到有一股力量将人推向汽车。这就是在火车站台上,人要在站台警戒线外侧,以防止被吸向火车而发生意外事故的原因。粗略地计算,当火车以 100 km/h 的速度运动时,施加在一个成年人身上的载荷可达到 500 N 以上。

1.2.2　机械工程科学中的流体力学

20 世纪以来,随着实验技术和流体力学理论的快速发展,流体力学成为众多工程和技术科学的重要基础,促成或促进了诸如航空航天技术科学、船舶与海洋工程科学、机械工程科学、交通运输科学、化学工程、兵器工程、生命科学等的形成或发展。

在机械工程科学中存在诸多利用流体力学原理的地方。如轴承润滑就是应用流体动力学方法研究黏性润滑膜的压力分布、支撑力和摩擦阻力的理论，其目的是减小机器零件在运转时的摩擦阻力和提高润滑膜的承载能力。动力机械中，进、排气系统，喷油系统，冷却系统的优化设计都与流体力学原理有关。降低各种气流噪声源的流速，避免产生强湍流是减少气动噪声的主要措施。流体机械与工程学科研究各种以流体为工作介质和能量载体的机械设备的原理与设计，流体力学理论是该学科的理论基础。代表着高机械制造水平的喷气发动机（图1-3）制造包含诸多关键技术，而空气动力学是其中一项重要的内容，涉及发动机、燃烧室、涡轮内的气流问题，内外流耦合问题以及涡轮叶片与气流相互作用问题等。

图1-3 喷气发动机

1.2.3 动力工程及工程热物理科学中的流体力学

动力工程及工程热物理科学以流体为工作介质，研究能源转换、传输和利用的理论和技术，提高能源利用率，减少一次能源消耗和污染物质排放等，因而流体力学理论是其重要基石。通常实现强化传热的过程，就是改变工质流动形态的过程。如在管道上设置传热型肋片（图1-4），利用翅间使流体在流动过程中产生旋流，旋流所产生的离心力使轴心部位的流体向翅间空间部位流动；翅间核心区的流体则向壁面方向流动，前者有助于提高翅片的换热能力，后者则加强翅根部位的换热。将普通圆管滚轧成横槽纹管时，流体流过横槽纹管会形成漩涡和强烈的扰动，从而强化了传热。将管道做成扩张—收缩交替的形式时，流体沿流动方向依次交替流过收缩段和扩张段。流体在扩张段中产生强烈的漩涡被流体带入收缩段时得到有效的利用，且收缩段内流速增高会使流体边界层变薄，这些都有利于增强传热。

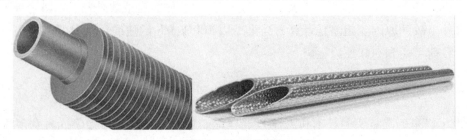

图1-4 换热管

1.3　流体力学的发展历史

流体力学作为经典力学的一个重要分支，其发展与数学、力学以及社会的发展进程密不可分。它是人类在长期与自然灾害做斗争的过程中逐步认识并掌握和利用其规律，逐渐发展形成的，是人类集体智慧的结晶。回顾整个流体力学的发展历史，大致可以把它分为四个时期。

1.3.1　第一时期（15 世纪以前）

人类最早对流体力学的认识是从治水、灌溉、航行等方面开始的。古时中国有大禹治水疏通江河的传说。战国时期的秦国，在公元前 256 年到统一中国后的公元前 214 年，先后修建了都江堰、郑国渠、灵渠三大水利工程。特别是李冰父子领导修建的都江堰，既有利于岷江洪水的疏排，又能常年用于灌溉农田，并总结出"深淘滩，低作堰""遇弯截角，逢正抽心"的治水原则。

古代的漏壶，也叫漏刻，是古代利用滴水、漏沙来计量时间的一种计量工具。各种漏壶在原理和结构上都存在差异。水漏是以壶盛水，利用水均衡滴漏原理，观测壶中刻箭上显示的数据来计算时间，历史可追溯到夏、商时期。沙漏是为了避免水因气温变化而影响计时精度而设计的，其原理是通过流沙推动齿轮组，使指针在时刻盘上指示时刻，最早记载见于元代。

中国古代，利用水力或风力为动力的简单机械也有长足的进步。如水车又称孔明车，是我国最古老的农业灌溉工具；去除新产粮食中杂质的手摇风车直到二三十年前还在国内诸多农村地区使用（图 1-5），这些都是先人们在征服世界的过程中创造出来的高超劳动技艺，是珍贵的历史文化遗产。

图 1-5　手摇风车实物图

欧洲历史上有记载的最早从事流体力学现象研究的是古希腊学者阿基米德（Archimedes，公元前 287—公元前 212），在公元前 250 年发表的学术论文《论浮体》，第一个阐明了相对密度的概念，发现了物体在流体中所受浮力的基本原理——阿基米德原理。关于阿基米德原理有这样一个传说：相传叙拉古赫农王让工匠替他做了一顶纯金的王冠，做好后，国王疑心工匠在金冠中掺了假，但这顶金冠确与当初交给金匠的纯金一样重。工匠到底有没有捣鬼呢？既想检验真假，又不能破坏王冠，最初，阿基米德也是冥思苦想而不得要领。一天，他在家洗澡，当他坐进澡盆里时，看到水往外溢，同时感到身体被轻轻托起。他突然悟到可以用测定固体在水中排水量的办法来确定金冠的比重。

总之，这一时期，流体力学发展的主要特点是人类在生活和生产实践中摸索和利用流体力学基本原理。

1.3.2　第二时期（15世纪初期—19世纪末期）

15世纪以前，世界各地处于相对孤立的发展状态。15世纪以后，文艺复兴与新航路的开辟，促进了欧洲资本主义的发展和繁荣，资产阶级革命为近代自然科学的诞生提供了社会条件。与此同时，科学本身为争得自己的独立地位，摆脱宗教的桎梏，也进行了不屈不挠的斗争。实验科学的兴起，更使自然科学有了独立的实践基础。从此，近代自然科学开始了它的相对独立发展的新时代。

著名物理学家和艺术家列奥纳多·达·芬奇通过实验观察描述了物体的沉浮、孔口出流、物体的运动阻力以及管道、明渠中水流等问题。1638年，伽利略通过实验研究了运动物体的阻力。托里拆利论证了孔口出流的基本规律。1647年，帕斯卡提出了密闭流体能传递压强的原理——帕斯卡原理和流体静力学的基本关系式。

牛顿在1687年出版的《自然哲学的数学原理》一书中研究了运动物体的阻力，建立了黏性流体的摩擦定律，为研究黏性流体力学奠定了理论基础。1738年，伯努利提出了不可压缩流体位势能、压强势能和动能之间的能量转换关系——伯努利方程。1752年，达朗伯得到运动物体受到的阻力为零的结论，即达朗伯佯谬。1755年，欧拉提出了流体的连续介质模型，建立了连续性微分方程和理想流体的运动微分方程，给出了不可压缩理想流体运动的一般解析方法。欧拉是经典流体力学的奠基人。而后，拉格朗日提出了理想流体无旋运动的复位势方法，进一步完善了经典流体动力学理论。亥姆霍兹和基尔霍夫对旋涡运动和分离流动进行了大量的理论分析和实验研究，提出了表征旋涡基本性质的旋涡定理。

1827年纳维、1845年斯托克斯分别独立提出了不可压缩黏性流体的运动微分方程组，而后，该方程被称为纳维—斯托克斯（简称N-S）方程。1852年，弗劳德提出了船模试验的相似准则数——弗劳德数，建立了现代船模试验技术的基础。1883年，雷诺用实验证实了黏性流体的两种流动状态——层流和湍流的客观存在，找到了实验研究黏性流体流动规律的相似准则数——雷诺数，以及判别层流和湍流的临界雷诺数。稍后，他又提出了雷诺应力，建立了不可压缩流体的湍流流动时的雷诺应力方程，为湍流理论研究奠定了基础。1892年，瑞利在相似原理的基础上，提出了实验研究的量纲分析法（瑞利法）。

可以看到与其他很多科学理论一样，流体力学理论在这一时期初步形成与发展。

1.3.3 第三时期（20 世纪初到 20 世纪中叶）

20 世纪的前半叶是空气动力学和实验流体力学快速发展的五十年。从 1903 年，莱特兄弟首次完成完全受控、附机载外部动力、机体比空气重、持续滞空不落地的飞行到第二次世界大战结束时喷火式战斗机、战略轰炸机出现，飞机在性能上高速提升，这缘于空气动力学理论和流体力学实验方法的飞速发展。

20 世纪初，以儒科夫斯基、卡普雷金、普朗特等为代表的科学家，开创了以无黏不可压缩流体位势流理论为基础的机翼理论，建立了完善的二维升力理论。以普朗特为代表的哥廷根学派从推理、数学论证和实验测量等各个角度，将纳维—斯托克斯方程简化，建立了边界层理论，从而为大雷诺数的绕流流动求解提供理论基础。冯·卡门发现了绕流物体后的卡门涡街，提出了计算湍流粗糙管阻力系数的理论公式；在湍流边界层理论、超声速空气动力学、火箭及喷气技术等方面也都有不少贡献。我国科学家的杰出代表钱学森在 1938 年发表的论文中，提出了平板可压缩层流边界层的解法：卡门—钱学森解法。机翼理论和边界层理论的建立和发展是流体力学的一次重大进展，它使无黏流体理论同黏性流体的边界层理论很好地结合起来。

在工程流体领域，1913 年，布拉休斯提出了计算湍流光滑管阻力系数的经验公式。1915 年，白金汉提出了著名的 π 定理，进一步完善了量纲分析法。1933 年，尼古拉兹公布了人工粗糙管内水流阻力系数的实测结果——尼古拉兹曲线。1939 年，科尔布鲁克提出了适用于完全粗糙和过渡型圆管的阻力系数计算公式。1944 年，莫迪绘制了工业管道的阻力系数图——莫迪图。

1.3.4 第四时期（20 世纪中叶至今）

20 世纪中叶至今的几十年，流体力学理论在三个方面有显著发展。

（1）由于计算机科学的迅速发展，使原来用分析方法难以进行研究的课题，可以用数值计算方法进行，出现了计算流体力学这一新的分支学科。

（2）人们对湍流的认识进一步加深，发现了湍流不是完全随机的，而是存在着某种特殊的运动状态——即拟序结构，也称相干结构。1967 年，克兰（Kline）采用氢气泡显示实验发现：壁面湍流边界层的黏性底层中氢气泡聚集在一系列的沿流向发展的拉伸区，这些拉伸区被称为"条带"。图 1-6（a）所示沿展向（垂直流动方向）交替出现速度较高和较低的条带，即"高速条带"和"低速条带"。图 1-6（c）、（d）所示在远离壁面的对数律层和外层，条带逐渐变得模糊、消失。条带交替出现并发展的上述过程表明湍流边界层运动并不是完全随机的，而是有一定规律的，但是条带形状并不完全相同，条带间距也不是完全一致，因而表现出拟序运动的特征。

（3）从 20 世纪 60 年代起，流体力学和其他学科的互相交叉渗透，形成新的交叉学科或边缘学科，使这一古老的学科发展成包括多个学科分支的全新的学科体系，焕发出强盛的生机和活力。

如石油和天然气的开采、地下水的开发利用、化工中分离和多孔过滤，要求人们了解流体在多孔或缝隙介质中的运动，属于渗流力学。

燃烧是涉及化学反应和热能变化的流体力学问题，是物理—化学流体动力学的内容之一。爆炸是猛烈的瞬间能量变化和传递过程，涉及气体动力学，从而形成了爆炸力学。沙漠迁移、河流泥沙运动、管道中煤粉输送、化工设备中等，普遍涉及流体中带有固体颗粒或液体中带有气泡等问题，属于多相流体力学。

等离子体是自由电子、带等量正电荷的离子以及中性粒子的集合体。研究等离子体的运动规律的学科称为等离子体动力学和电磁流体力学，它们在化学反应、磁流体发电、宇宙气体运动等方面有广泛的应用。

风对建筑物、桥梁、电缆等的作用使它们承受载荷和激发振动；废气和废水的排放造成环境污染；河床冲刷迁移和海岸遭受侵蚀；研究这些流体本身的运动及其同人类、动植物间的相互作用的学科称为环境流体力学（其中包括环境空气动力学、建筑空气动力学）。它涉及经典流体力学、气象学、海洋学、水力学和结构动力学等学科。

生物流变学研究人体或其他动植物中有关的流体力学问题，例如血液在血管中的流动，心、肺、肾中的生理流体运动和植物中营养液的输送。此外，还研究鸟类在空中的飞翔、动物在水中的游动等。

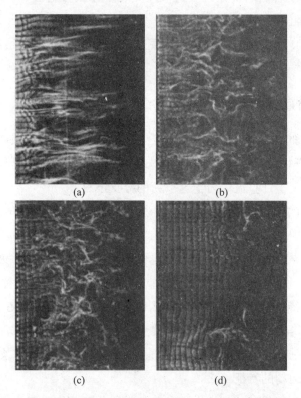

(a)　　(b)　　(c)　　(d)

图 1-6　平板湍流边界层中的拟序结构（Van Dyke M 1982）

（a）$y^+ = 2.7$；（b）$y^+ = 38$；（c）$y^+ = 101$；（d）$y^+ = 407$

纵观流体力学的发展历史，可以看到：

（1）生活和生产的需求是推动流体力学理论发展的强大动力。工业革命的兴起和两次世界大战极大地推动了流体力学理论的发展。

（2）流体力学作为经典力学的一个重要分支，把实验与理论相结合是研究流体力学问题的重要方法，正如哥廷根应用力学派倡导的那样：要在复杂的流动问题中捕捉其中的物理特征。

（3）流体力学虽然已经取得巨大进展，但是在湍流、流动稳定性等方面仍未取得圆满解答。

1.4　流体力学的研究方法

目前，研究流体力学问题的方法主要有三种：理论分析方法、实验方法和数值模拟方法。下面简要介绍这三种方法的主要实施步骤和优缺点。

1.4.1　理论分析方法

理论分析的主要步骤是：首先根据流体物理性质、抓住流动特性，做出一定的简化，并用以简化流体动力学方程组；在相应的边界条件和初始条件下，利用分析方法求解上述简化后的初边值问题；最后将分析结果和用其他方法获得的、相应问题的结果进行比较，以检验简化模型的合理性。

理论分析法的优点是能揭示流动的内在规律，具有普遍适用性；其缺点是数学上的困难大，能获得分析解的物理问题的数量有限。

1.4.2　实验方法

力学是以实验为基础的科学，流体力学更是建立在实验基础之上。流体力学中诸多重要的概念和原理都源于实验。例如大气压强、流体的可压缩性等概念；完全气体的状态方程、连续性方程、伯努利方程等。

实验研究的一般过程是：在相似理论的指导下建立实验系统，用流体测量技术测量流动参数，并根据相似原理整理实验结果。相比理论分析和数值计算方法，实验方法获得的物理现象和结果更真实、可靠。其缺点是实验需要建设实验设备，且设备要求高，设计制造周期长；运行费用高，需要更多的人力、物力和财力。

1.4.3　数值模拟方法

数值模拟方法是在计算方法的基础上，采用各种离散化方法（有限体积法、有限元法等），建立各种数值模型，通过计算机进行数值计算，最终获得定量描述流场的数值解。随着计算机硬件的快速提升和计算方法的不断发展，数值模拟方法得到极大发展，已形成专门学科分支——计算流体力学。

实施数值模拟方法的主要步骤是：首先根据物理实际、初边值条件对流动问题进行必要的简化；再采用合理的数值模拟方法，把上述初边值问题离散化；其次，把离散化后的表达式编写成计算机程序，并进行计算；最后，把数值计算的结果与用其他方法获得的结果进行比较。

数值模拟方法的优点是：由于描述实际流动问题的动力学方程是非线性的方程组，自变量多、几何形状和边界条件复杂，很难求得它们的解析解，但数值模拟就有可能找出满足工程设计需要的数值解；数值模拟省钱、省时、省人力，有较多的灵活性，有详细和完整的计算资料。

但是，数值模拟方法是一种离散近似求解算法，依赖于物理上合理、数学上适合于在计算机上模拟的离散的数学模型。计算结果并不能提供解析表达式，只是给出在有限离散节点上的数值结果，并有一定的计算误差；数值模拟需要实验结果进行验证；程序编辑和资料收集、整理与正确利用，在很大程度上依赖于使用者的经验和技巧。

上述三种方法各有优缺点。可以看到，流体力学的研究不仅需要深厚的理论基础，而且需要很强的动手能力。分析流体问题需要将理论分析、实验研究和数值计算并重。正如近代哥廷根应用力学派的代表人物普朗特和冯·卡门那样，将理论联系实际，从工程需求中寻找问题的突破点。

第 2 章　流体的力学性质

流体力学理论之所以与材料力学等固体力学理论有所差异、甚至截然不同，是由于相比固体材料，流体在一些基本力学性质上有别于固体，因此明确流体的力学性质对学习、研究流体力学基本理论至关重要。本章主要介绍流体力学的基本假设、流体的基本物理性质和流体的主要力学性质，并依据力学性质对流体进行简单分类。

2.1　连续介质假说

2.1.1　流体质点（微团）

从微观的角度看，流体是由大量做不规则运动的分子所构成，分子间有间距，即从分子的尺度讲，流体是不连续的、离散的。但是，流体力学并不研究分子的微观运动，而只关心流体的宏观机械运动，这种宏观机械运动是大量分子的平均统计特性，如密度、压强和温度等。另外，在所研究的流体力学宏观问题中，流动空间和时间所采用的一切特征空间尺度和特征时间尺度都比分子间距和分子碰撞时间大得多。因此一种假想的流体模型——流体微团（流体质点）模型被提出。

多大的流体微团能真实反映宏观统计特性呢？流体分子不像固体分子有固定的平衡位置，流体分子间通常有相对运动。因此，一定空间上的流体分子个数是不断变化的。但是如果选取的空间体积相比分子体积大很多时，即使在空间边界上有大量流体分子进出，空间里的分子个数也会近似保持为常数，从而不影响此空间中的平均物理量。然而，如果选取的空间体积过大，流体平均物理量将会有显著变化。

例如，要确定流体在某点 $P(x, y, z)$ 的密度时，选取含点 P 的体积元 ΔV［图 2 - 1 (a)］，ΔV 中流体分子总质量为 Δm，用 $\Delta m / \Delta V$ 表示 ΔV 中流体的平均密度。当 ΔV 向 $\Delta V'$ 逐渐收缩时，其平均密度逐渐趋于一确定极限值。当 ΔV 小于 $\Delta V'$ 时，分子运动随机性对所取体积中的分子数会产生明显影响，随机进入和逸出该体积的分子数不能随时平衡，导致平均密度随机波动，比值 $\Delta m / \Delta V$ 不再具有确定值，如图 2 - 1 (b) 所示。由此可见，从宏观上看，微小特征体积 $\Delta V'$ 内有大量分子，反映的不是单个分子特性，而是大量分子的统计平均特性，且这些统计特性具有确定性。**流体力学中把含有足够多分子、具有确定宏观统计特性的微小特征体内流体分子集合，称为流体质点**。因此，$\Delta V'$ 中的平均密度即为流体质点的密度，并作为流体在点 $P(x, y, z)$ 的局部（当地）密度值。

$$\rho = \lim_{\Delta V \to \Delta V'} \frac{\Delta m}{\Delta V} \qquad (2.1)$$

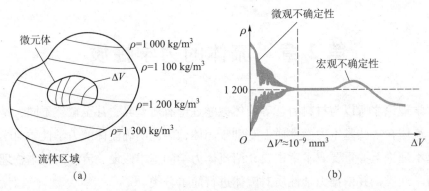

图 2-1　密度与微团体积的关系

对液体和常压条件下的气体，特征体积 $\Delta V'$ 约为 10^{-9} mm^3。如标准状态下，10^{-9} mm^3 的气体中含有约 3×10^7 个分子，此时可以按式（2.1）获得近似常数的流体密度。

从宏观上看，流体质点的体积非常小，其尺度与流动问题的特征长度相比可近似为一个几何点，可用数学上的 $\Delta V' \to 0$ 表示。从微观上看，它比分子自由程大得多，特征体积中包含足够多分子，个别分子行为不影响流体质点总体的统计平均特性。流体质点的宏观物理量具有确定性，如质点温度就是质点所包含分子热运动的统计平均值，压强就是质点所包含分子的热运动相互碰撞在单位面积上所产生压强的平均值。

2.1.2　连续介质假设

前面我们提到，在合适的流体微团尺度上可以把流体看成是由流体质点连续组成的。这种假说是由欧拉（Euler）于 1753 年首先提出的，又叫**连续介质假设**。

连续介质的尺度在微观上充分大，使得在连续介质尺度内对微观性质统计平均能够得到稳定的数值；宏观上，连续介质尺度又充分小，与流动问题的特征尺度相比小得可忽略不计，在宏观上可看作一个点。如标准状态下 1 mm^3 气体体积中，含有约 2.7×10^{16} 个分子，气体分子每秒发生 1 026 次碰撞。液体的分子数目更多，如常态下 1 mm^3 体积水中含有约 3×10^{19} 个分子。对一般的流体力学问题，1 mm^3 的特征尺度远大于分子自由程，宏观运动起变化的时间远大于分子碰撞时间，引入连续介质模型是合理可行的。

引入连续介质模型后，流体的宏观物理量，如速度、密度、压强等流体物性和运动参数物理量可表示成连续函数，大量数学方法特别是微积分原理可被引用于流体力学中，为流体力学的研究带来了极大方便。

当然，流体的连续介质模型假设不适用稀薄空气和激波等场合。

2.2　流体的基本物理性质

2.2.1　流体的密度

密度是单位体积所包含的物质的质量。它表征了流体在空间的密集程度，通常用希腊字母 ρ 表示，其单位是：kg/m^3。

对于均质流体，各点的密度相等。

$$\rho = \frac{m}{V} \tag{2.2}$$

对于非均质流体，围绕某空间点取一微小体积 ΔV，其中流体的质量为 Δm，比值 $\Delta m / \Delta V$ 就是该微小体积内的平均密度。令 $\Delta V \to 0$，该比值的极限值就是该点的密度。

$$\rho = \lim_{\Delta V \to 0} \frac{\Delta m}{\Delta V} = \frac{dm}{dV} \tag{2.3}$$

表 2-1 所示为水、空气与水银在标准大气压下不同温度时的密度。

表 2-1　水、空气与水银在标准大气压下不同温度下的密度

温度/℃	密度/（kg·m⁻³）			温度/℃	密度/（kg·m⁻³）		
	水	空气	水银		水	空气	水银
0	999.87	1.29	13 600	60	983.24	1.06	13 450
10	999.73	1.24	13 570	80	971.83	0.99	13 400
20	998.23	1.20	13 550	100	958.38	0.94	13 350
40	992.24	1.12	13 500				

2.2.2　相对密度（比重）

相对密度是流体的密度与 4 ℃的水的密度的比值，通常用 d 表示，它是一个无单位、无量纲的量。

$$d = \frac{\rho_f}{\rho_w} \tag{2.4}$$

式中，ρ_f 是流体的密度；ρ_w 是水在 4 ℃时的密度。

2.2.3　比容

比容是单位质量流体所占有的体积，用 v 表示，它是密度的倒数，其单位为：m^3/kg。

$$v = \frac{1}{\rho} \tag{2.5}$$

2.2.4 混合气体密度与气体状态方程

混合气体的密度按各组分气体的体积百分数计算，表达如下：

$$\rho = \rho_1\alpha_1 + \rho_2\alpha_2 + \cdots + \rho_n\alpha_n = \sum_{i=1}^{n}\rho_i\alpha_i \tag{2.6}$$

式中，ρ_i 为各组分气体的密度；α_i 为各组分气体的体积百分数。

理想气体的状态方程由下式给出：

$$P = \rho RT \tag{2.7}$$

式中，P 为绝对压强；T 为绝对温度；R 为气体常数。

2.2.5 重度

流体的重度是单位体积流体的重量，用 γ 表示，其与密度 ρ 有如下的关系：

$$\gamma = \rho g \tag{2.8}$$

式中，g 为重力加速度；重度的单位为 N/m³。在均质流体中，如果不考虑重力加速度的变化，各点的重度相同。水的重度标定值为 $\gamma = 9\ 800$ N/m³。

2.2.6 液体的蒸气压

在一定温度下，与液体或固体处于相平衡的蒸气所具有的压力称为饱和蒸气压。同一物质在不同温度下有不同的蒸气压，并随着温度的升高而增大。例如，在 30 ℃时，水的饱和蒸气压为 4 132.982 Pa，乙醇为 10 532.438 Pa。而在 100 ℃时，水的饱和蒸气压增大到 10 1324.72 Pa，乙醇为 22 2647.74 Pa。饱和蒸气压是液体的一项重要物理性质，如液体的沸点、液体混合物的相对挥发度等都与之有关。

2.3 流体的力学特性

2.3.1 可压缩性和热膨胀性

流体的密度是温度与压强的函数，其占据的体积将随压强、温度的变化而变化。流体体积变化的规律通常是：压强增加、体积缩小；温度升高，体积膨胀。人们把流体的这种属性称为流体的可压缩性和热膨胀性。

其数学表达式为

$$\rho = \rho(P,\ T) \tag{2.9}$$

根据多元函数全导数的定义，流体密度的增量可以写为

$$\mathrm{d}\rho = \left(\frac{\partial\rho}{\partial P}\right)_{T=\mathrm{const}}\mathrm{d}p + \left(\frac{\partial\rho}{\partial T}\right)_{P=\mathrm{const}}\mathrm{d}T \tag{2.10}$$

若令

$$\kappa = \frac{1}{\rho} \cdot \frac{\partial \rho}{\partial P}$$

$$\alpha = -\frac{1}{\rho} \cdot \frac{\partial \rho}{\partial T}$$

式 (2.10) 改写为

$$d\rho = \rho\kappa dp - \rho\alpha dT \tag{2.11}$$

式中，κ 称为等温压缩系数；α 称为等压膨胀系数。

1. 可压缩性

从式 (2.11) 可以看出，等温压缩系数 κ 的物理含义是在一定的温度下，单位压强变化所引起的流体密度的相对变化量。由密度与比容的关系 $\rho = \frac{1}{v}$，得

$$\frac{d\rho}{dv} = -\frac{1}{v^2} = -\frac{\rho}{v} \tag{2.12}$$

因此，等温压缩系数 κ 的表达式可以写为

$$\kappa = \frac{1}{\rho} \cdot \frac{\partial \rho}{\partial P} = -\frac{1}{\partial P} \cdot \frac{dv}{v} = -\frac{1}{\partial P} \cdot \frac{dV}{V} \tag{2.13}$$

式中，V 为压强 P 时流体的体积；等温压缩系数 κ 的单位为 1/Pa；式中的负号表明，在一定的温度下，压强的增加导致流体体积的相对减小。

等温压缩系数 κ 的倒数称为**体积弹性模量** K：

$$K = \frac{1}{\kappa} = \rho \frac{\partial P}{\partial \rho} = -\partial p \frac{V}{\partial V} = -\frac{\partial P}{\dfrac{\partial V}{V}} \tag{2.14}$$

由式 (2.14) 可以看出，当压强的增量相同时，流体的体积弹性模量 K 值越大，其体积相对变化越小，即越不容易被压缩，反之亦然。因此，K 是流体可压缩性的度量，在实际工程中常用 K 衡量流体压缩性。其单位与压强的单位相同，即 Pa。

流体的体积弹性模量也随压强与温度的变化而变化，表 2-2 给出了不同温度、压强下水的体积弹性模量。

表 2-2 水的体积弹性模量

温度/℃	K (10^9 Pa)				
	0.490 MPa	0.981 MPa	1.961 MPa	3.923 MPa	7.845 MPa
0	1.85	1.86	1.88	1.91	1.94
5	1.89	1.91	1.93	1.97	2.03
10	1.91	1.93	1.97	2.01	2.08
15	1.93	1.96	1.99	2.05	2.13
20	1.94	1.98	2.02	2.08	2.17

2. 可压缩与不可压缩流体

理论上所有流体都是可压缩的，只是有些流体的可压缩性大，有些小。如常温条件下水

的体积弹性模量约为 2.0×10^9 Pa，即每增加一个大气压，根据式（2.14），其体积（或密度）的相对变化仅为

$$\frac{\partial \rho}{\rho} = \frac{\partial P}{K} = \frac{1.01 \times 10^5}{2.0 \times 10^9} \approx 0.5 \times 10^{-4}$$

对气体而言，若用完全气体状态方程 $P = \rho RT$ 描述，则 $\frac{dP}{d\rho} = RT = \frac{P}{\rho}$，其体积弹性模量 $K = \rho \frac{\partial P}{\partial \rho} = P$。当压强变化 10% 时，其密度的变化率 $\frac{d\rho}{\rho} = \frac{dP}{P}$ 也为 10%，可见气体的可压缩性比液体大得多。

在研究具体流体问题时，如果能把密度变化小的流体（无论气体还是液体）看成是不可压缩的，则能够使得问题简单化。

从 $\frac{\partial \rho}{\rho} = \frac{\partial P}{K}$ 可以看到，流体密度的相对变化由压强变化与流体的体积弹性模量的相对大小决定。当压强变化相对流体的体积弹性模量小得多时，其密度相对变化小，可以把流体看成是不可压缩的。如通常压强变化条件下，液体均可以看成是不可压缩的；低速运动（速度小于 100 m/s）的空气，其压强变化也较小，此时的空气也可以看成是不可压缩的。但是研究水中爆炸和高压液压系统时，液体的压强变化相比气体积弹性模量不再是小量，需要考虑液体的可压缩性。高速气流将导致较大的气体压强变化，必须考虑其压缩性。压缩性将引起流体密度、温度的变化，进而需要考虑流体的热力学属性，以及气体的状态方程属性。

3. 热膨胀性

流体体积随温度变化的属性，即热膨胀性通常用体积膨胀系数来表示。体积膨胀系数的大小为

$$\alpha = -\frac{1}{\rho} \cdot \frac{\partial \rho}{\partial T} \tag{2.15}$$

从式（2.15）可以看出，其物理含义是当压强保持不变时，温度升高一个单位引起的流体密度的相对变化量。流体的体积膨胀系数的单位为 1/℃。表 2-3 所示为水在不同压强、温度下的体积膨胀系数。

表 2-3　水在不同压强、温度下的体积膨胀系数

P/MPa	α (10^{-6}/℃)				
	1 ℃~10 ℃	11 ℃~20 ℃	40 ℃~50 ℃	60 ℃~70 ℃	90 ℃~100 ℃
0.098 1	14	150	422	556	719
9.807	43	165	422	548	704
19.61	72	183	426	539	
49.03	149	236	429	523	661
88.26	229	289	437	514	621

2.3.2 黏性

1. 黏性及其表现

所谓黏性，是指当流体流动时，在流体内部显示出的内摩擦性质，或者说是流体运动时，抵抗剪切变形的特性。黏性是流体本身固有的一个重要力学特性。

1687 年，牛顿发表了《自然科学的数学原理》一书，书中描述了剪切流动实验。实验过程中，首先在两块相距 h 的平行平板间充满黏性流体，令下平板固定不动，而在上平板上作用一定大小的力使其在自身平面内以恒定的速度 U 向右运动。附于上下平板上流体质点的速度分别等于 0 和 U，即流体与平板间没有相对运动，又叫**无滑移条件**。两平板间的流体速度分布如图 2-2 所示，即牛顿内摩擦实验。

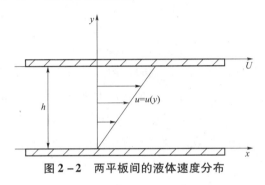

图 2-2　两平板间的液体速度分布

牛顿内摩擦实验表明：液体作用于上平板上的力 F 的大小与平板面积及运动速度 U 成正比，而与两平板间距 h 成反比，即

$$F = \mu \frac{UA}{h} \tag{2.16}$$

或

$$\tau = \frac{F}{A} = \mu \frac{U}{h} \tag{2.17}$$

式中，$\dfrac{U}{h}$ 是速度梯度（从下平板上一点到上平板的所有方向中，速度的方向导数在两平板的铅垂方向最大）；μ 是比例系数，它与流体有关，称为黏性系数或动力黏性系数。μ 在数值上等于速度梯度为 1 时单位面积上内摩擦应力的大小，其单位为 $N \cdot s/m^2$ 或 $Pa \cdot s$。常见气体的动力黏度见表 2-4。

表 2-4　常见气体的动力黏度

气体	$\mu / (10^{-6} Pa \cdot s)$	$\nu / (10^{-6} m^2 \cdot s^{-1})$
空气	19.09	13.20
氧	19.20	13.40
氮	16.60	13.30
氢	8.4	93.50
一氧化氮	16.80	13.50
二氧化碳	13.80	6.98
二氧化硫	11.60	3.97
水蒸气	8.93	11.12

一般而言，当速度分布为 $u = u(y)$ 时，流体层 y 处的切应力为

$$\tau = \mu \frac{\mathrm{d}u}{\mathrm{d}y} \tag{2.18}$$

式（2.18）就是著名的**牛顿内摩擦定理**，其中 $\frac{\mathrm{d}u}{\mathrm{d}y}$ 为速度梯度。式（2.18）表明，流体的黏性是通过内摩擦力表现出来的。同样的流体，速度梯度大的流动，其内摩擦应力大；速度梯度小的流动，其内摩擦应力小。若速度梯度为零，即流体层之间无相对运动或处于静止时，内摩擦应力为零，这只能说明流体的黏性作用未表现出来，不能认为流体的黏性系数为零。这一点与固体之间的摩擦力情况不同。对于相互接触的两个固体，如果它们受外力作用，有做相对运动的趋势，即使仍还处于静止状态，两固体接触面之间亦存在摩擦力。

2. 黏性产生的原因

根据气体分子动力学理论，气体分子的运动由宏观运动和热运动两部分组成。当相邻两层气体分子分别以宏观速度 u 和 $u + \mathrm{d}u$ 运动时，由于宏观速度梯度的存在，当上侧分子因热运动转移到下侧流体中时，由于其带入的宏观动量大于下侧分子 x 方向的宏观动量，下侧分子必然受到沿流动正方向的作用力；类似地，当下侧分子随机转移到上侧流体中时，由于其带入的宏观动量小于上侧分子的宏观动量，上侧流体必然受到沿流动反方向的作用力；由此可见，流体内摩擦力的产生，即流体黏性力的产生，其本质是流体分子运动（包括宏观运动和热运动）导致的流体层间动量交换的结果。

3. 影响黏性系数的因素

1）温度对黏度的影响

由于液体和气体分子运动规律的差异，温度对液体和气体黏度的影响规律不同。液体分子不像固体分子那样有固定的平衡位置，但是也不像气体分子那样没有平衡位置（无规则的热运动），液体分子在平衡位置附近振动，其在平衡位置的定居时间越长，流动性越小，黏度越大，反之流动性越大，黏性越小。当温度升高时，液体分子间距增大，分子能量增强，而分子间吸引力降低，定居时间减小，导致液体黏性系数减小。

水的动力黏度随温度变化的经验公式为

$$\mu = \frac{\mu_0}{1 + 0.033\ 68\ t + 0.000\ 221\ t^2} \tag{2.19}$$

而气体分子随温度升高其热运动加剧，导致分子间的碰撞频率和强度增加，动量交换加剧，其黏性增加。表 2-5 和表 2-6 分别列出了水和空气的黏度随温度的变化规律。

2）压强对黏度的影响

由于压强的变化对分子动量交换影响很小，气体的黏度随压强变化甚微。与之相反，随压强增加分子间距将减小，故压强对液体的黏度有较大的影响。但当压强较小，比如小于 10 MPa 时，这种影响是微不足道的，可以忽略不计。

表 2 - 5　水的黏度随温度的变化规律

温度 /℃	$\mu \times 10^3$ / (Pa·s)	$\nu \times 10^6$ / (m²·s⁻¹)	温度 /℃	$\mu \times 10^3$ / (Pa·s)	$\nu \times 10^6$ / (m²·s⁻¹)
0	1.792	1.792	40	0.656	0.661
5	1.519	1.519	45	0.599	0.605
10	1.308	1.308	50	0.549	0.556
15	1.140	1.141	60	0.469	0.477
20	1.005	1.007	70	0.406	0.415
25	0.894	0.897	80	0.357	0.367
30	0.801	0.804	90	0.317	0.328
35	0.723	0.727	100	0.284	0.296

表 2 - 6　空气的黏度随温度的变化规律

温度 /℃	$\mu \times 10^6$ / (Pa·s)	$\nu \times 10^6$ / (m²·s⁻¹)	温度 /℃	$\mu \times 10^6$ / (Pa·s)	$\nu \times 10^6$ / (m²·s⁻¹)
0	17.09	13.00	260	28.06	42.40
20	18.08	15.00	280	28.77	45.10
40	19.04	16.90	300	29.46	48.10
60	19.97	18.80	320	30.14	50.70
80	20.88	20.90	340	30.80	53.50
100	21.75	23.00	360	31.46	56.50
120	22.60	25.20	380	32.10	59.50
140	23.44	27.40	400	32.77	62.50
160	24.25	29.80	420	33.40	65.60
180	25.05	32.20	440	34.02	68.80
200	25.82	34.60	460	34.63	72.00
220	26.58	37.10	480	35.23	75.20
240	27.33	39.70	500	35.83	78.50

　　在流体力学中，常用流体的动力黏度与流体密度的比值来衡量流体的黏度，定义为运动黏度，用 ν 表示，即

$$\nu = \mu / \rho \tag{2.20}$$

ν 的单位是 m²/s。

2.3.3　流动性和流体的力学定义

　　在 t 时刻，从牛顿内摩擦实验的两块平板间，取一个宽、高分别为 $\mathrm{d}x$，$\mathrm{d}y$ 的矩形微元体（$ABDC$），如图 2 - 3 所示。当上平板以速度 U 运动时，由于流体质点 y 方向的速度为零，因此微元体四个顶点的 y 方向的相对坐标不变。而流体质点 x 方向的速度 u 在 y 方向上的梯度为 $\dfrac{\mathrm{d}u}{\mathrm{d}y}$，$u$ 在 x 方向上梯度 $\dfrac{\mathrm{d}u}{\mathrm{d}x} = 0$。因此，只有 A 与 C 两点、B 与 D 两点间 x 方向的距

离有增量：$(u_C - u_A)\,dt = du\,dt$。经过 dt 时间后，矩形微元变形会为如图 2 - 3 所示平行四边形（$A'B'D'C'$）。即微元体发生了剪切变形，其剪应变的大小为

$$\gamma = \frac{\pi}{2} - \angle B'A'C' = d\alpha \approx \tan d\alpha = \frac{du\,dt}{dy} \tag{2.21}$$

即 $\dfrac{du}{dy} = \dfrac{d\gamma}{dt}$，因此，牛顿内摩擦定理式（2.18）又可以改写为

$$\tau = \mu\,\frac{d\gamma}{dt} = \mu\,\dot{\gamma} \tag{2.22}$$

式中，$\dot{\gamma}$ 称为角应变速率或剪切应变速率。

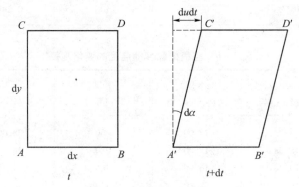

图 2 - 3   微元体变形示意图

式（2.22）与材料力学中简单胡克定律对比

$$\tau = \mu\,\dot{\gamma} \quad (\text{牛顿内摩擦定律})$$
$$\sigma = E\varepsilon \quad (\text{简单胡克定律}) \tag{2.23}$$

可以看到，对线弹性范围内的固体材料，某个方向没有正应力时，其线应变也为零；而对流体，切应力为零（没有剪切作用），流体微团的角应变也不一定为零，甚至可能为一个较大的数值。这反映了流体和变形固体在力学行为上的重要差异。

基于上述差异，可以从力学行为的角度，给流体下一个定义：**流体是在任意小的切应力下，都会发生剪切变形的物质。**

例 2 - 1   长度 $L = 1\,\text{m}$，直径 $D = 200\,\text{mm}$ 水平放置的圆柱体，置于内径 $D = 206\,\text{mm}$ 的圆管中以 $u = 1\,\text{m/s}$ 的速度移动，已知间隙中油液的相对密度为 $d = 0.92$，运动黏度 $\nu = 5.6 \times 10^{-4}\,\text{m}^2/\text{s}$，求所需拉力 F 为多少？

解： 间隙中油的密度为

$$\rho = \rho_{H_2O}d = 1\,000 \times 0.92 = 920\,(\text{kg/m}^3)$$

动力黏度为 $\mu = \rho\nu = 920 \times 5.6 \times 10^{-4} = 0.515\,2\,(\text{Pa} \cdot \text{s})$

由牛顿内摩擦定律

$$F = \mu A\,\frac{du}{dy}$$

当间隙很小时，间隙中的流体速度可认为是线性分布，所需拉力：

$$F = \mu A \frac{u-0}{\dfrac{D-d}{2}} = 0.515\,2 \times 3.14 \times 0.2 \times 1 \times \frac{1}{\dfrac{206-200}{2}} \times 10^3 = 107.8\,(\text{N})$$

例 2 - 2　固壁面和圆形磁盘间是黏度为 μ，厚度远小于圆盘直径的油膜，如图 2 - 4 所示。磁盘旋转角速度为常数，推导旋转磁盘所需的转矩 M 的公式（忽略空气阻力）。

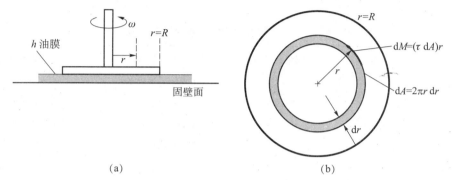

图 2 - 4　锥体转动示意图

解：假设圆盘与固壁面间的油的速度分布为线性分布，任意半径 r 处的圆盘上的速度为

$$v = \omega r$$

可得 r 处壁面剪切应力为

$$\tau = \mu \frac{\mathrm{d}u}{\mathrm{d}y} = \mu \frac{r\omega}{h}$$

任意点处的剪切力都垂直于径向，在任意径向坐标 r 处取微元面积 $2\pi r \mathrm{d}r$ 以及该面所受剪切应力对转动轴的力矩为

$$\mathrm{d}M = r \cdot \mathrm{d}F = r \cdot \mu \frac{r\omega}{h} 2\pi r \mathrm{d}r = 2\pi\mu \frac{\omega}{h} r^3 \mathrm{d}r$$

所需力矩可以通过整个圆盘表面积分获得

$$M = \int_0^R 2\pi\mu \frac{\omega}{h} r^3 \mathrm{d}r = \frac{1}{2}\pi\mu \frac{\omega}{h} R^4$$

2.3.4　表面张力特性

1. 表面张力

在日常生活中常常看到小水滴悬挂在屋顶和墙壁上或关闭的水龙头出口处，水银在地面上成球状滚动等现象，这表明液体的自由表面存在一种欲使表面积最小的收缩趋势。液体表面的这种收缩趋势表明，液体表面各部分之间存在相互作用的拉力，使其表面总是处于张紧状态。液体表面的这种拉力称为**表面张力**，它是由于液体自由表面上分子内聚力而产生的力。

表面张力不仅存在于与气体接触的液体表面，而且在互不相溶液体的接触界面上也存在表面张力。大多数工程上的流动问题中表面张力的影响很小，可以忽略不计。但在研究诸如毛细现象、液滴形成、某些具有自由液面的流动等问题时，表面张力就成为重要的影响因素。

液体表面单位长度流体线上的拉伸力称为表面张力系数,通常用希腊字母 σ 表示,其单位是 N/m。几种常见液体的表面张力系数如表 2-7 所示,设想在自由液面上有一连接任意两点的流体线,该线段两侧的液面间存在相互作用的拉力,即**表面张力,此拉力处处垂直于该流体线段且平行于液面**(图 2-5),按表面张力系数 σ 的定义,若该流体线长度为 l,则垂直作用于该线段一侧的总拉力的大小为 σl。

表 2-7　几种常见液体的表面张力系数　　　　　　　　　　(10^{-3} N/m)

液体	表面张力系数	液体	表面张力系数
Alcohol 酒精	22.3	Lubricant 润滑油	35.0~37.9
Benzene 苯	28.9	Crude oil 原油	22.3~37.9
Carbon tetrachloride 四氯化碳	26.7	Water 水	72.8
Kerosene 煤油	22.3~32.1	Mercury 水银	513.7

表面张力系数属液体的物性参数,但同一液体其表面接触的物质不同时有不同的表面张力系数。表面张力系数随温度升高而降低,但不显著。如表 2-8 所示,水从 0 ℃变化到 100 ℃时,其与空气接触的表面张力系数 $\sigma = 0.0756 \sim 0.0589$ N/m。在液体中添加某些有机溶液或盐类,可以改变液体的表面张力。例如,把少量的肥皂或去污剂溶液加入水中,可显著降低水的表面张力,而在水中加入食盐可以提高水的表面张力。

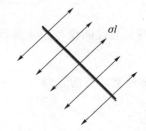

图 2-5　表面张力示意图

表 2-8　水的表面张力系数 σ (10^{-3} N/m) 与温度的关系

温度/℃	表面张力系数	温度/℃	表面张力系数	温度/℃	表面张力系数
0	75.6	30	71.2	80	62.6
10	74.2	40	69.6	100	58.9
20	72.8	60	66.2		

2. 拉普拉斯公式

对于自由表面为曲面的情况,表面张力的存在将使液体自由表面两侧产生附加压力差。现分析如下,如图 2-6 所示,在凹的弯曲液面上任选一点 O,过点 O 作液面的法线,过此法线作两个垂直相交的平面,与弯曲液面相交于两条弧线 A_1B_1 和 A_2B_2,两条弧线的曲率半径分别为 R_1 和 R_2,对应的圆心角分别为 $d\alpha_1$ 和 $d\alpha_2$,然后分别平行于 A_1B_1、A_2B_2 作出四边形微元面。微元面的边长分别为 ds_1,ds_2,其面积为:$ds_1 \cdot ds_2$。微元面的每个边长上受到的表面张力大小为其边长与表面张力系数的乘积,方向与液面相切。

将微元面的所有受力向液面法线方向投影,得到投影方程为:

$$(P_1 - P_2)\,\mathrm{d}s_1\mathrm{d}s_2 = 2\sigma\mathrm{d}s_1\sin\frac{\mathrm{d}\alpha_1}{2} + 2\sigma\mathrm{d}s_2\sin\frac{\mathrm{d}\alpha_2}{2}$$

$$= 2\sigma\mathrm{d}s_1\frac{\frac{\mathrm{d}s_2}{2}}{R_2} + 2\sigma\mathrm{d}s_2\frac{\frac{\mathrm{d}s_1}{2}}{R_1}$$

$$= \sigma\mathrm{d}s_1\mathrm{d}s_2\left(\frac{1}{R_1}+\frac{1}{R_2}\right) \qquad (2.24)$$

即

$$P_1 - P_2 = \sigma\left(\frac{1}{R_1}+\frac{1}{R_2}\right) \qquad (2.25)$$

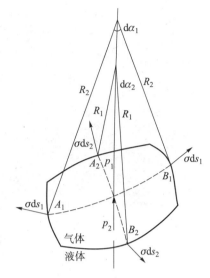

式（2.25）称为**拉普拉斯公式**。拉普拉斯公式表明弯曲的液体自由表面的两侧存在压强差，且凹侧的压强总是比凸侧大。

当自由表面为圆柱面时［图 2 - 7（a）］，式（2.25）简化为

图 2 - 6　弯曲液面的附加压力差

$$P_1 - P_2 = \frac{\sigma}{R} \qquad (2.26)$$

自由表面为球面时［图 2 - 7（b）］，式（2.25）简化为

$$P_1 - P_2 = \frac{2\sigma}{R} \qquad (2.27)$$

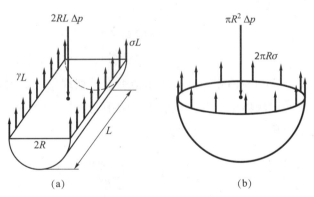

（a）　　　　　　　　　　（b）

图 2 - 7　特殊形状的自由表面

（a）圆柱面；（b）球面

3. 毛细现象

液体和固体相互接触时，接触处会发生一种界面现象。如图 2 - 8 所示，水在玻璃表面上较为平坦，而水银在玻璃上呈现收缩球形。水和水银在玻璃表面上的不同表现，称之为润湿效应的不同。在气、液、固三相交点处所做的气—液界面的切线穿过液体与固—液交界线之间的夹角，定义为**接触角** θ，如图 2 - 9 所示。θ 的大小取决于液、气种类和管壁材料等因素，对于水和洁净的玻璃 $\theta = 0°$，水银和玻璃 $\theta = 140°$。

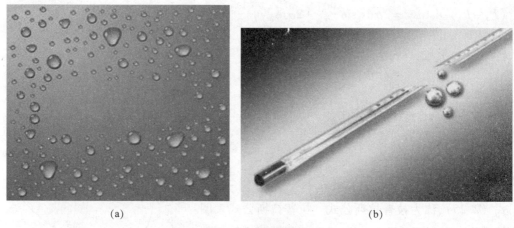

图 2 - 8　液体的表现

（a）水滴；（b）水银球

当液体与固体接触时，液体在固体表面上扩展，接触角为锐角［图 2 - 9（a）］，称为液体湿润固体；否则液体在固体表面不扩张而收缩成团，接触角为钝角［图 2 - 9（b）］，则称之为液体不湿润固体。例如，水在玻璃表面扩散表明水能润湿玻璃，而水银收缩成球形表明水银不能润湿玻璃。

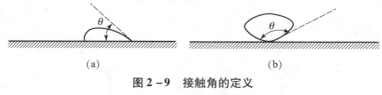

图 2 - 9　接触角的定义

（a）水滴；（b）水银液滴

液体对固体的湿润效应和表面张力共同作用会引起毛细现象。如图 2 - 10 所示，直径很小，分别插在水和水银两种液体中的两根玻璃管，管中的液位与管外的液位将有明显的高度差，这种现象称为**毛细现象**，玻璃管就是毛细管。

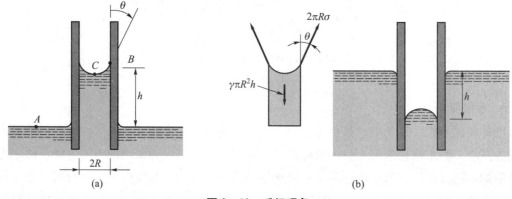

图 2 - 10　毛细现象

什么液体会在毛细管中上升，什么液体会下降呢？对接触角为锐角的液体，如图 2 - 10（a）所示，自由表面为凹面，根据拉普拉斯公式，自由表面凹侧 C 点的压强大于凸侧 B 点的 $P_C > P_B$；

而 C 点和 A 点的压强都等于大气压 $P_C = P_A$，根据静力学关系，B 点的铅垂坐标必然大于 A 点的，即此时液体会在毛细管中上升，而不是下降。反之，接触角为钝角的液体必然在毛细管中下降。

毛细现象中液体上升、下降的高度可由下式确定，重力与表面张力在铅垂方向上的投影相等：

$$h = \frac{2\sigma\cos\theta}{\rho g R} \tag{2.28}$$

式中，R 为细管半径；ρ 为液体密度。

毛细现象是微细血管内血液流动、植物根茎内营养和水分输送、多孔介质流体流动的基本研究对象之一。毛细管现象的存在将给液体测压计特别是测压管造成一定的误差，在设计和测量时必须注意。通常选用直径在 10 mm 左右的测压管时其测量误差可忽略。

2.4　流体的分类

2.4.1　黏性流体与理想流体

理想流体是指 $\mu = 0$ 的流体，或称无黏流体。理想流体是一种假想的流体，因为真实流体都是有黏性的。但对于黏性力（比之于惯性力、流体压力等）相对较小的问题，或黏性力主要影响区以外的流动分析，引入理想流体假设，既能使问题的分析得到简化，同时也便于揭示出流体运动的主要特征。较之理想流体，实际的工程和生活领域的流体问题都是黏性流体流动问题。

2.4.2　牛顿流体与非牛顿流体

牛顿剪切应力式（2.18）$\tau = \mu\dfrac{\mathrm{d}u}{\mathrm{d}y}$ 表明：在平行的层状流动条件下，流体剪切应力与速度梯度之间成正比关系，这类流体被称为牛顿型流体，简称牛顿流体。实践表明，气体和低分子量液体及其溶液都属于牛顿流体，其中包括最常见的空气和水。

牛顿流体的黏度是流体物性参数，与速度梯度无关。

但是，工程实际中还有许多重要流体并不满足牛顿剪切应力公式所描述的规律。虽然这些流体的剪切应力通常总可表示成速度梯度的单值函数：

$$\tau = k + \eta\left(\frac{\mathrm{d}u}{\mathrm{d}y}\right)^n \tag{2.29}$$

但 τ 与 $\dfrac{\mathrm{d}u}{\mathrm{d}y}$ 的函数关系却是非线性的，这类流体统称为非牛顿流体。聚合物溶液、熔融液、料浆液、悬浮液，以及一些生物流体如血液、微生物发酵液等均属于非牛顿流体。

从黏性的角度，非牛顿流体最大的特点就是其黏度与流体自身的运动（或变形）相关，不再是物性参数；非牛顿流体的种类不同，其剪切应力 τ 与速度梯度 $\dfrac{\mathrm{d}u}{\mathrm{d}y}$ 之间表现出复杂的非线性行为。

2.4.3　非牛顿流体及其黏度特性

图 2－11 所示为典型非牛顿流体的剪切应力与变形速率之间的关系。图 2－11 中的非牛顿流体类型有：胀塑性流体、假塑性流体、塑性体（宾汉理想塑性体）。

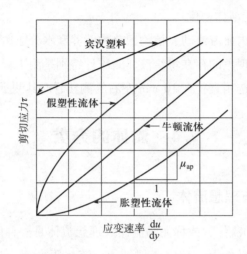

图 2－11　典型非牛顿流体的剪切应力与变形速率之间的关系

胀塑性流体　其 $\tau \sim \dfrac{\mathrm{d}u}{\mathrm{d}y}$ 曲线斜率随变形速率增加而增大，因此被称为剪切增稠流体（变形速率增加提高其黏性）。属于这类流体的有淀粉、硅酸钾、阿拉伯树胶的悬浮液等。

假塑性流体　其 $\tau \sim \dfrac{\mathrm{d}u}{\mathrm{d}y}$ 曲线斜率随变形速率增加而减小，因此被称为剪切变稀流体（变形速率增加降低其黏性）。属于这类流体的有聚合物溶液、聚乙烯/聚丙烯熔体、涂料/泥浆悬浮液等。

胀塑性流体、假塑性流体以及牛顿流体的 $\tau \sim \dfrac{\mathrm{d}u}{\mathrm{d}y}$ 曲线都通过原点，即当受到剪切应力作用就有变形速率，不能像固体那样以确定的变形抵抗剪切应力，所以通称之为真实流体。

塑性体　（宾汉理想塑性体）塑性体能抵抗一定的剪切应力，即变形速率为零时剪切应力不为零。其中塑性体有确切的屈服应力，在剪切应力小于启动应力 k 时无流动发生 $\left(\dfrac{\mathrm{d}u}{\mathrm{d}y}=0\right)$；在剪切应力大于启动应力 k 后剪切应力与变形速率呈线性关系，表现出牛顿流体的行为。由于塑性体能在一定程度上像固体那样以确定的变形抵抗剪切应力，因此可以看成一半是固体、一半是流体，如钻井泥浆、污水泥浆、某些颗粒悬浮液等。

2.5　作用在流体上的力

任何物体的状态都是受力作用的结果，因此，在研究流体力学的基本原理之前，首先需要分析作用在流体上的力的种类。根据作用在流体上的力的物理性质，其可分为重力、摩擦力、惯性力、弹性力、表面张力；根据力的作用方式，其可简单分为两类：质量力和表面力。在流体力学的研究中，通常采用后一种分类。

2.5.1　质量力

质量力是作用在所有流体质点上的力，它是非接触力。质量力的大小与流体质点的质量成正比，对于均质流体（流体内各点密度相同），质量力的大小与流体质点的体积成正比。因此质量力也称为体积力或体力。重力、惯性力与电磁力属于质量力。

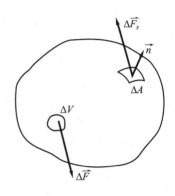

图 2 - 12　流体受力示意图

为了衡量质量力的强度，定义作用在单位质量上的质量力，即单位质量力，通常用 $\vec{f}$ 表示，单位质量流体受到的重力为 $\vec{g}$，单位质量流体的惯性力为 $-\vec{a}$。其单位为 $\mathrm{m/s^2}$，与加速度的单位相同。如图 2 - 12 所示，有一微元体 ΔV，受到的质量力为 $\Delta \vec{F}$，单位质量力可以表示为

$$\vec{f} = \frac{\vec{F}_{\mathrm{m}}}{\rho \Delta V} \tag{2.30}$$

2.5.2　表面力

表面力是其他流体或物体作用在流体质点接触表面上的力，其大小与接触面积成比例。根据作用力的方向，表面力可以分解为

法向压力：与作用面垂直；

切向分力：与作用面平行。

单位面积上的表面力称为应力，应力的单位为 $\mathrm{N/m^2}$ 或 Pa。

如图 2 - 12 所示，取一微元面积 ΔA，其上受到的表面力为 $\Delta \vec{F}_{\mathrm{s}}$，单位面积上受到的表面力可以表示为

$$\vec{p} = \lim_{\Delta A \to 0} \frac{\Delta \vec{F}_{\mathrm{s}}}{\Delta A}$$

表面力 $\Delta \vec{F}_{\mathrm{s}}$ 沿法线与切线方向的分量分别为 $\Delta \vec{F}_{\mathrm{sn}}$ 及 $\Delta \vec{F}_{\mathrm{s\tau}}$，可得该点处的法向应力 σ 和切向应力 τ：

$$\sigma = \lim_{\Delta A \to 0} \frac{\Delta F_{\mathrm{sn}}}{\Delta A}$$

$$\tau = \lim_{\Delta A \to 0} \frac{\Delta F_{sr}}{\Delta A}$$

习　题

2.1　流体与固体在力学性质上的主要差异是什么？

2.2　水银的密度为 13 600 kg/m³，求它对 4 ℃水的比重 d。

2.3　在温度不变的条件下，体积为 5 m³ 的水，压强从 0.98×10^5 Pa 增加到 4.9×10^5 Pa，体积减小了 2×10^{-3} m³，试求水的体积弹性模量。

2.4　某种油的运动黏度是 4.28×10 m²/s，密度是 678 kg/m³，试求其动力黏度。

2.5　如图 2-13 所示，低速（层流）流体稳定流过一个圆形管道，流体速度 u 随管道半径变化的规律是 $u = B\frac{\Delta p}{\mu}(r_0^2 - r^2)$，其中 Δp 是管道进出口间的压力差，μ 是流体的动力黏度。试求 B 的单位及管道中切应力的分布形式。

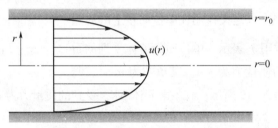

图 2-13　管道中速度分布示意图

2.6　一块重量为 W 的滑块沿一倾斜角 15° 的斜面下滑，斜面上有一层厚度为 h 的液膜避免滑块与斜面间的干摩擦，如图 2-14 所示。假设液膜中的润滑油速度分布是线性的，滑块的"终端"（零加速）速度为 v。已知滑块的质量是 6 kg，底面面积为 35 cm²，润滑油的动力黏度为 1.03×10^{-3} Pa·s，试求滑块的终端速度。

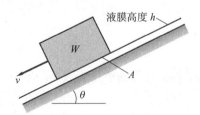

图 2-14　滑块在斜面上下滑示意图

2.7　直径为 0.46 m 的水平圆盘，在较大的平板上绕其中心以 90 r/m 的转速旋转。已知两壁面间的间隙为 0.23 mm，间隙内油的动力黏度为 0.4 Pa·s，如果忽略油的离心惯性的影响，试求转动圆盘所需的力矩。

2.8　两平行平板之间的间隙为 2 mm，间隙内充满密度为 885 kg/m³、间隙内油的动力黏度为 0.4 Pa·s，试求当两板相对速度为 4 m/s 时作用在平板上的摩擦应力。

2.9　如图 2 – 15 所示，活塞直径 $d = 152.4$ mm，缸径 $D = 152.6$ mm，活塞长 $L = 30.48$ cm，润滑油的运动黏度为 1.59×10^{-4} m^2/s，密度 $\rho = 920$ kg/m^3。试求活塞以 $v = 6$ m/s 的速度运动时，克服摩擦阻力所消耗的功率。

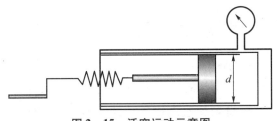

图 2 – 15　活塞运动示意图

2.10　重 500 N 的飞轮的回转半径为 30 cm，转速为 600 r/min，由于轴承中润滑油的黏性阻滞，飞轮以 0.02 rad/s^2 的角减速度放慢，已知轴的直径为 2 cm，轴套的长度为 5 cm，它们之间的间隙为 0.05 mm，求润滑油的动力黏度。

2.11　流体流过固壁面时，其速度分布如图 2 – 16 所示，表达式为 $u = U\sin\left(\dfrac{\pi y}{2\delta}\right)$，其中 U 是远离壁面的自由流速度，δ 为存在速度梯度的区域（边界层厚度）。如果流体为 20 ℃ 的空气，$U = 10$ m/s，$\delta = 3$ cm。试求（1）壁面上的剪切应力；（2）切应力为壁面上切应力一半的位置。

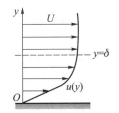

图 2 – 16　固壁面上的速度分布图

2.12　内径 5 mm 的开口玻璃管，插入 20 ℃ 的水中，已知水与玻璃的接触角 θ 为 $-10°$，试求水在玻璃管中上升的高度。

2.13　内径 5 mm 的开口玻璃管，插入 20 ℃ 的水银中，已知水银与玻璃的接触角 θ 约为 $140°$，试求水银液面在管中下降的高度。

第 3 章　流体静力学

许多情况下，流体处于一种特殊的状态——"静止"。如静止容器中的流体、河坝前的水、平静的海水和湖水，甚至是匀加速直线运动的容器中的流体都处于"静止"状态。流体处于"静止"状态的规律（如压强分布、等压面形状），以及静止流体对与之相互作用的固体壁面、浮体与潜体的作用力等问题，都属于流体静力学的研究范畴。

本章主要介绍流体处于静止状态下的规律及其在工程的应用情况。

3.1　流体静压强及其特征

3.1.1　静止的特征

首先，我们需要回答的是什么是流体力学中的"静止"。

流体力学中的"静止"不仅包含我们非常熟悉的牛顿力学中的相对地球（惯性坐标系）静止，即所谓的绝对静止；还包括流体相对选定坐标系静止，即相对静止。如匀加速直线运动的容器中、匀角速度旋转容器中的流体质点虽然都有加速度，但它们也都处静止状态。这区别于我们在牛顿力学中对"静止"的一贯认识。

可以看到，流体力学中的"静止"本质上是指流体质点相对所选坐标系静止。不论绝对静止还是相对静止，"静止"的基本特征在于：**流体质点间没有相对运动。**

3.1.2　静压强的特征

所谓流体静压强，就是流体处于静止状态时的应力，即作用在某一流体表面上的平均压强，常用 P 表示。流体静压强有两个重要特征：

（1）静压强的方向总是沿作用面的内法线方向。

即在静止流场中，流体微团表面只有压应力，而没有切应力。在材料力学的相关理论中，通常，静止杆件的任意内表面上有正应力和切应力，正应力可以是拉应力，也可以是压应力。而静止流体质点间没有相对运动，根据牛顿摩擦定律，剪应力一定为零。又由于流体不能受拉，所以当流体静止时，只有沿法向指向作用面的正应力。

（2）静压强只是空间坐标的函数，而与作用面的方位无关。

为证明这一特性，从静止流体中取三棱柱流体微团，如图 3-1 所示，三个棱边的边长分别为 dx，dy，dz。P_y，P_z 分别为两个平面上的压强，P_n 为斜平面上的压强，由于微元体无穷小，可以认为它们是相应面上的平均压强。

流体微团三个面上的表面力大小分别为 $P_y\delta x\delta z$，$P_z\delta x\delta y$ 和 $P_n\delta s\delta x$。流体微团受到的重力在 y，z 轴上的投影分别为 $\frac{1}{2}\rho g_y\delta x\delta y\delta z$，$\frac{1}{2}\rho g_z\delta x\delta y\delta z$。因此，牛顿第二定律在 y 轴的平衡方程可以写为

$$P_y\delta x\delta z - P_n\delta s\delta x\sin\theta + \frac{1}{2}\rho g_y\delta x\delta y\delta z = \frac{1}{2}\rho a_y\delta x\delta y\delta z \tag{3.1}$$

根据几何关系，$\mathrm{d}s\sin\theta = \mathrm{d}z$，方程（3.1）简化为

$$P_y - P_n = \frac{1}{2}\rho a_y\delta x \tag{3.2}$$

由于当微元体趋向一点时，δx 是一个无穷小量，上述方程的第三项可以忽略不计。从而方程简化为

$$P_y = P_n \tag{3.3}$$

同理，由 z 轴的投影方程，得

$$P_z = P_n$$

从而

$$P_y = P_z = P_n \tag{3.4}$$

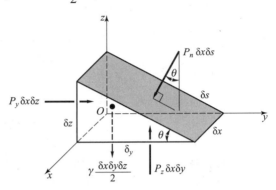

图 3－1　三棱柱流体微团

因为微元体的斜面是任意选取的，在几何上，流体微元可以看成一个点，故可以断定，过静止流体中一点的所有面上的压强都相等，即静压强与作用面的方位无关，只是点的坐标的函数，数学表达为 $P = P(x，y，z)$。这区别于材料力学中过杆件中一点的不同方位截面上的应力不同的结论。

3.2　流体静止的基本方程

3.2.1　流体静止的基本方程

根据力学基本原理，流体微团的受力是其处于静止状态的唯一原因。需要注意的是流体力学中的"静止"不是"平衡"。本节通过分析流体微团的受力来获得其静止的力学条件，即流体静力学基本方程。

在静止流体中，任意取一微元立方体，如图 3－2 所示，其边长分别为 δx，δy 和 δz。流体密度为 ρ。

流体微团的受力包括质量力和表面力。流体微团中心（坐标为 x，y，z）处的压强为 P，根据泰勒公式，作用在右侧表面中心 $x - \delta x/2$ 上的压强为

$$P(x - \delta x/2，y，z) = P(x，y，z) + \frac{\partial P}{\partial x}\left(-\frac{1}{2}\delta x\right) = P - \frac{1}{2}\cdot\frac{\partial P}{\partial x}\delta x$$

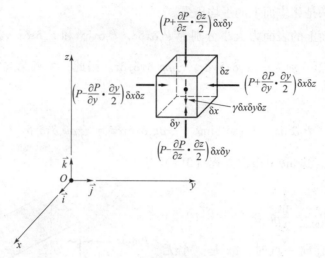

图 3 - 2　微元流体的静力平衡

同理，作用于左侧面的压强 $P + \dfrac{1}{2} \cdot \dfrac{\partial P}{\partial x}\delta x$，重力在 x 轴上的投影为 $g_x \rho \delta x \delta y \delta z$。这样，牛顿第二定律在 x 方向的投影方程为

$$\left(P - \frac{1}{2} \cdot \frac{\partial P}{\partial x}\delta x\right)\delta y \delta z - \left(P + \frac{1}{2} \cdot \frac{\partial P}{\partial x}\delta x\right)\delta y \delta z + g_x \rho \delta x \delta y \delta z = \rho \delta x \delta y \delta z a_x \tag{3.5}$$

化简式（3.5）得到

$$\frac{\partial P}{\partial x} = \rho(g_x - a_x) \tag{3.6}$$

同理，也可以得到 y、z 轴上的投影方程

$$\frac{\partial P}{\partial y} = \rho(g_y - a_y) \tag{3.7}$$

$$\frac{\partial P}{\partial z} = \rho(g_z - a_z) \tag{3.8}$$

式（3.6）、式（3.7）、式（3.8）是流体静力学基本方程的投影形式，它们的矢量和为

$$\frac{\partial P}{\partial x}\vec{i} + \frac{\partial P}{\partial y}\vec{j} + \frac{\partial P}{\partial z}\vec{k} = \rho(g_x\vec{i} + g_y\vec{j} + g_z\vec{k} - a_x\vec{i} - a_y\vec{j} - a_z\vec{k}) \tag{3.9}$$

即

$$\nabla P = \rho(\vec{g} - \vec{a}) \tag{3.10}$$

式（3.10）中 $\nabla = \dfrac{\partial}{\partial x}\vec{i} + \dfrac{\partial}{\partial y}\vec{j} + \dfrac{\partial}{\partial z}\vec{k}$ 为哈密顿算子。

式（3.9）和式（3.10）就是流体静止时要满足的条件，称为**流体静力学基本方程**。如果令 $\vec{f} = \vec{g} - \vec{a}$，即 $\vec{f}$ 是单位质量流体受到的质量力（重力和惯性力之和），方程（3.10）还可以写为

$$\nabla P = \rho\vec{f} \tag{3.11}$$

由达朗贝尔原理（动静法）可知，式（3.11）表明流体静止就是表面力与质量力间的

平衡。在推导方程（3.11）的过程中只用到了"静止"的条件，因此，此结论对绝对静止（$\vec{a} = 0$）和相对静止状态（$\vec{a} \neq 0$）都适用。

3.2.2　等压面

除了静压强的分布，静止流场中另一个非常重要的信息是等压面（线）的形状。所谓**等压面（线）**，顾名思义就是压强相等的点组成的面（线）。在等压面（线）上，任意两点间的压强差为零，即

$$dP = 0 \tag{3.12}$$

由于静压强只是空间坐标的函数 $P = P(x, y, z)$，因此，根据全微分、向量的数量积运算法则及静力学基本方程，对空间上任意两个坐标相差 dx、dy 和 dz 的点，它们的压强差可以表示为

$$dP = \frac{\partial P}{\partial x}dx + \frac{\partial P}{\partial y}dy + \frac{\partial P}{\partial z}dz = \nabla P \cdot d\vec{l} = \rho \vec{f} \cdot d\vec{l} = \rho(f_x dx + f_y dy + f_z dz) \tag{3.13}$$

式中，$d\vec{l}$ 为两点间的有向线段。

在等压面上任意取两点 A 和 B，两点间的有向线段为 $d\vec{l}$，如图 3-3 所示。

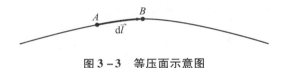

图 3-3　等压面示意图

因此，$dP_{AB} = \frac{\partial P}{\partial x}dx + \frac{\partial P}{\partial y}dy + \frac{\partial P}{\partial z}dz = \nabla P \cdot d\vec{l} = \rho \vec{f} \cdot d\vec{l} = 0$。

显然，等压面上有 $d\vec{l} \cdot \vec{f} = 0$，即在静止流体中，等压面上任意点的质量力与等压面相垂直。同样，此结论对绝对静止（$\vec{a} = 0$）和相对静止状态（$\vec{a} \neq 0$）也都适用。

3.3　重力场中流体静止

当流体仅仅在重力场中处于绝对静止状态时，质量力中只有重力。流体静力学基本方程式（3.9）可以写成：

$$\nabla P = \rho \vec{g} \tag{3.14}$$

取 z 轴铅垂向上，重力在三个坐标上的投影分别为 $g_x = 0$，$g_y = 0$，$g_z = -g$。根据式（3.14），有 $\frac{\partial P}{\partial x} = 0$，$\frac{\partial P}{\partial y} = 0$，$\frac{\partial P}{\partial z} = -\rho g$。由压强全微分方程（3.13）可得到

$$dP = \frac{\partial P}{\partial x}dx + \frac{\partial P}{\partial y}dy + \frac{\partial P}{\partial z}dz = -\rho g dz \tag{3.15}$$

式（3.15）就是重力场中流体静止时压强变化的基本方程，该方程表明，在重力场中静止流体的压强只在 z 坐标的函数，并随坐标的增加（铅垂向上）而减小。

3.3.1 等压面形状

根据等压面方程（3.12），并由方程（3.15）可得

$$dP = -\rho g dz = 0$$

即
$$dz = 0 \qquad (3.16)$$

这意味着，重力场中流体静止时，不论流体是否是可压缩，等压面都是水平面。

3.3.2 静水压强分布

1. 不可压缩流体

不可压缩流体 $\rho = \mathrm{const}$，直接积分式（3.15）得

$$P = -\rho g z + C \qquad (3.17)$$

积分常数 C 由边界条件决定。假设自由液面为坐标原点，即 $z = 0$ 时，$P = P_0$，则积分常数为 $C = P_0$。若自由液面处压强为大气压，则 $P_0 = P_a$。自由液面以下深为 h 处的压强为

$$P = P_a - \rho g(-h) = P_a + \rho g h \qquad (3.18)$$

这就是大家熟知的以自由液面为坐标原点的静水压强分布。

同样，坐标原点（参考点）也可以取在流体内部任意一点。如图 3-4 所示，利用式（3.17）可以得到任意两点 1，2 的压强关系。

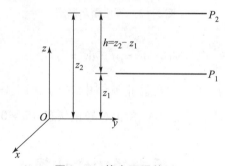

图 3-4 静水压强关系

$$P_2 = -\rho g z_{21} + P_1 = -\rho g(z_2 - z_1) + P_1 = -\rho g h + P_1$$

式中，z_{21} 表示以点 1 为坐标原点，点 2 的 z 坐标。

由式（3.17）可知：

（1）当液体自由表面上方的压强一定时，静止液体内部任一点压强 P 的大小与液体本身的密度和该点距液面的深度有关；

（2）当液面上方的压强有改变时，液体内部各点的压强也发生同样大小的改变；大家熟知的帕斯卡（Pascal）定理"在密闭容器内，施加于静止液体的压力将以相等的数值传递到液体内各点"，就是这个道理。

根据静压强的特征和静水压强分布公式（3.17）可知，与静止流体相接触的固壁面上流体作用力一定垂直指向固壁面，且其大小随着 z 坐标线性分布，如图 3-5 所示。

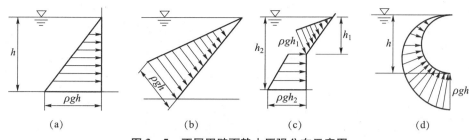

图 3 – 5　不同固壁面静水压强分布示意图

（a）垂直边界；（b）斜边界；（c）锥边界；（d）曲面边界

2. 可压缩流体

我们通常认为气体（如空气、氧气、氮气）是可压缩流体，这些气体的密度可以随压力和温度的变化而发生明显改变。尽管方程（3.15）仍然适用于这些气体，然而，正如第 1 章中的讨论，常见气体的比重与液体相比小很多，因此，垂直方向的气体压强梯度相比液体压强梯度小得多。在高达上百米的高度范围内，气体压强仍将基本保持恒定。因此，当研究的问题涉及的高度范围较小时，如气体管道、容器等，压强变化可以忽略不计。

当高度变化很大时，必须考虑气体密度的变化，此时，必须补充流体密度与压强的变化关系。如完全气体状态方程

$$P = \rho RT$$

并假设气体温度是常数，方程（3.15）可以改写为

$$\frac{\mathrm{d}P}{\mathrm{d}z} = -\rho g = -\frac{Pg}{RT} \tag{3.19}$$

假设重力加速度、气体常数 R 是常数，分离变量积分可得

$$\int_{p_1}^{p_2} \frac{\mathrm{d}p}{p} = -\frac{g}{RT_o} \int_{z_1}^{z_2} \mathrm{d}z$$

即

$$P_2 = P_1 \exp\left[-\frac{g(z_2 - z_1)}{RT_o} \right] \tag{3.20}$$

对大气而言，从海平面到 11 km 的高空是对流层，11 km 以上到 20 km 左右是等温层。式（3.20）描述了从 11 km 到 20 km 间等温层的压强分布关系，如图 3 – 6 所示。

3.3.3　不可压缩流体静压强分布的物理含义

根据不可压缩流体压强分布式（3.17），可得

$$\frac{P}{\rho g} + z = C \tag{3.21}$$

式（3.21）还可以变形为

$$\frac{p}{\rho} + gz = C'$$

$$P + \rho gz = C''$$

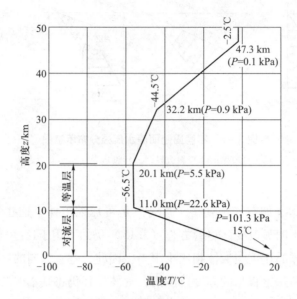

图 3-6 大气压强、温度随高度变化关系

式中，z 为单位重量流体对某一基准面的位置势能（水头）；$P/\rho g$ 为单位重量流体的压强能（水头）；C 为单位重量流体的总机械能（水头）。式（3.21）表明，静止流体中存在着两种形式的能量：位置势能和压强能，在同一种静止流体中，处于不同位置的流体的位置势能和压强势能各不相同，但各点处的位置势能与压强能之和等于总机械能。

3.4 压强测量

3.4.1 压强的表示及单位

测量压强时，相对不同的基准点有不同的测量值。以绝对真空为基准测得的压强为绝对压强 P；以当地大气压强为标准，测得的压强为计示压强 P_e。绝对压强恒为正，而计示压强可正可负。当绝对压强大于当地大气压强时，计示压强为正，也称表压（Gauge pressure）。当绝对压强小于当地大气压强时，计示压强为负，称为真空，通常用真空度 P_v 表示。真空度的大小为

真空度 = 当地大气压强 - 绝对压强

因此，真空度的最大值不超过 1 个大气压。绝对压强、相对压强与真空度的关系如图3-7 所示。

压强的国际单位为 Pa，还有用 MPa、物理大气压（$1\ atm = 1.013 \times 10^5\ Pa$）、毫米汞柱等表示，工程中还用"公斤"来表示，1"公斤"是质量为 1 千克的物质受到的重力作用在 1 平方厘米的表面上产生的压强，约为 $9.805 \times 10^4\ Pa$。

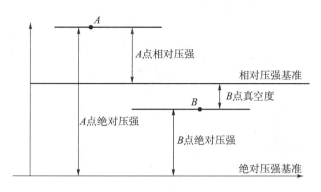

图 3 - 7　绝对压强、相对压强和真空度之间关系

3.4.2　压强测量的基本原理

利用重力场中静压强分布公式（3.17），可以建立不同高度液面上的静压强关系；同时还可知同一种流体中，同一个水平面上，静压强相等。因此，可以建立从已知压强到未知压强间的联系，从而实现静压强测量。

3.4.3　液柱压强计

测量压强的仪表很多，现仅介绍以流体静压强分布公式为依据的测压仪器。这种测压仪器统称为液柱压强计，可用来测量流体的压强或压强差。

1. 单管测压计

如图 3 - 8 所示的单管测压计，h 为测量点相对于自由表面的深度，管底部的表压显然是 $P_e = \rho g h$，式中 ρ 为液体的密度，其绝对压强 $P = P_a + \rho g h$。简单测压计只适用于测量较小的压强，一般不超过 9 800 Pa，或者相当于 1 m 高的水柱产生的静压强。当被测压强低于大气压强时，可用类似的步骤求得某点压强。

2. U 形管测压计

U 形管测压计是一个装在刻度板上两端开口的 U 形玻璃管，可以用来测量容器或管道中的压强。测量时，管的一端与被测容器相接，另一端与大气相通。U 形管内装有密度为 ρ_2 的液体工作介质。如图 3 - 9 所示，当被测压强大于大气压强时，被测流体与管内工作介质的分界面 2 - 3 是等压面，即 $P_2 = P_3$，由式（3.17）可得

$$P_2 = P_1 + \rho_1 g h_1 = P_A + \rho_1 g h_1 \tag{3.22}$$

$$P_3 = P_a + \rho_2 g h_2 \tag{3.23}$$

即

$$P_A + \rho_1 g h_1 = P_a + \rho_2 g h_2 \tag{3.24}$$

进一步可得 A 点的绝对压强

$$P_A = P_a + \rho_2 g h_2 - \rho_1 g h_1 \tag{3.25}$$

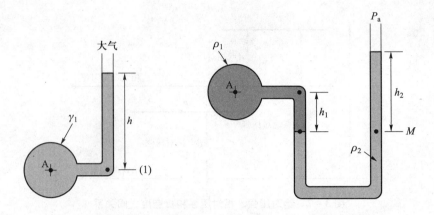

图 3 – 8　单管测压计　　　　　　　图 3 – 9　U 形管测压计

于是，可以根据 h_1 和 h_2 的读数以及已知的密度 ρ_1 和 ρ_2，就能计算被测点 A 的绝对压强。当被测压强低于大气压强时，某点处的压强可用类似的步骤求得。

3. 倾斜式液柱测压计

图 3 – 10 所示为倾斜式液柱测压计，可以测量两容器或管道两点的压强差。由流体静力学方程式得，两容器内压强关系为

$$P_A + \rho_1 g h_1 - \rho_2 g l_2 \sin\theta - \rho_3 g = P_B \tag{3.26}$$

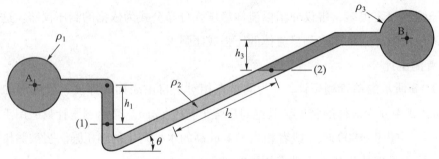

图 3 – 10　倾斜式液柱测压计

则测得的压强差为

$$\Delta P = P_B - P_A = \rho_1 g h_1 - \rho_2 g l_2 \sin\theta - \rho_3 g \tag{3.27}$$

还有其他的一些测压仪器，诸如三 U 形管测压计、波尔登压强表等，它们的工作原理一般都是基于流体静力学基本方程。

例 3 – 1　如图 3 – 11 所示，多 U 形管测压计将容器 A 和容器 B 相接，容器和管中的液体密度分别为 ρ_1，ρ_2，ρ_3，ρ_4。容器中心及各液体分界面的坐标分别为 h_A，h_B，h_1，h_2，h_3。试求两容器中的压强差。

解： 管道中存在三对等压面。根据重力场中压力分布公式（3.17），有

$$P_A = P_1 - \rho_1 g z_A = P_1 - \rho_1 g (h_A - h_1)$$

$$P_1 = P_2 - \rho_2 g z_1 = P_2 - \rho_2 g (h_2 - h_1)$$

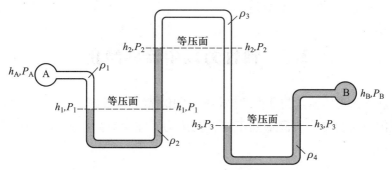

图 3-11　多 U 形管测压计

$$P_2 = P_3 - \rho_3 g z_2 = P_2 - \rho_3 g (h_2 - h_3)$$
$$P_B = P_3 - \rho_4 g z_B = P_3 - \rho_4 g (h_B - h_3)$$

故

$$P_A - P_B = P_A - P_1 + P_1 - P_2 + P_2 - P_3 + P_3 - P_B$$
$$= -\rho_1 g (h_A - h_1) + \rho_2 g (h_2 - h_1) - \rho_3 g (h_2 - h_3) - \rho_4 g (h_B - h_3)$$

例 3-2　如图 3-12 所示,蒸汽锅炉上装有一复式 U 形水银测压计,截面 2、4 间充满水。已知对某基准面而言各点的标高为 $h_0 = 2.1$ m, $h_2 = 0.9$ m, $h_4 = 2.0$ m, $h_6 = 0.7$ m, $h_7 = 2.5$ m。试求锅炉内水面上的蒸汽压强。

解: 按静力学原理,同一种静止流体的连通器内、同一水平面上的压强相等,故有

$$P_1 = P_2, \quad P_3 = P_4, \quad P_5 = P_6$$

水银和水的密度分别为 ρ_{Hg} 与 ρ_w,根据重力场中压力分布公式,有

$$P_2 = P_1 = P_a - \rho_{Hg} g z_1 = P_a - \rho_{Hg} g (h_1 - h_0)$$
$$P_3 = P_4 = P_2 - \rho_w g z_3 = P_2 - \rho_w g (h_3 - h_2)$$

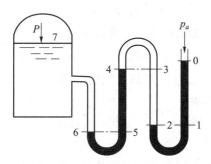

图 3-12　复式 U 形水银测压计

$$P_6 = P_4 - \rho_{Hg} g z_6 = P_4 - \rho_{Hg} g (h_5 - h_4)$$

则锅炉蒸汽压强
$$P = P_6 - \rho_w g z_7 = P_6 - \rho_w g (h_7 - h_6)$$

$$P = P_a + \rho_{Hg} g (h_0 - h_1) + \rho_{Hg} g (h_4 - h_5) - \rho_w g (h_4 - h_2) - \rho_w g (h_7 - h_6)$$

则蒸汽的表压为

$$P - P_a = \rho_{Hg} g (h_0 - h_1 + h_4 - h_5) - \rho_w g (h_4 - h_2 + h_7 - h_6)$$
$$= 13\,600 \times 9.81 \times (3.1 - 0.9 + 2.0 - 0.7) - 1\,000 \times 9.81 \times (3.0 - 0.9 + 2.5 - 0.7)$$

$$= 3.05 \times 10^5 (\text{Pa}) = 305 (\text{kPa})$$

3.5　惯性力场中流体静止

流体相对静止指流体质点与非惯性坐标间的相对静止。此时,流体质点间仍然没有相对运动,所以流体内部及流体与固壁间不存在剪应力。在相对静止的流体中,质量力除了重力,还有惯性力。

3.5.1　匀加速直线运动

如图 3-13 所示,液体容器沿 x 正方向向右以加速度 a 做匀加速直线运动。此时,液体相对容器没有运动,液体处于相对静止状态。

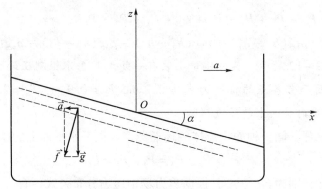

图 3-13　匀加速直线运动

液体满足流体静力学基本方程式:

$$\nabla P = \rho \vec{f} = \rho(\vec{g} - \vec{a}) \tag{3.28}$$

将坐标原点选在原静止液面的中心,z 轴铅垂向上,x 轴沿着运动方向。重力加速度 $\vec{g}$ 在三个坐标上的投影分别为 $g_x = 0$,$g_y = 0$,$g_z = -g$。加速度 $\vec{a}$ 在三个坐标上的投影分别为有 $a_x = a$,$a_y = 0$,$a_z = 0$,因此方程 (3.28) 可以写成

$$\frac{\partial P}{\partial x} = -\rho a, \qquad \frac{\partial P}{\partial y} = 0, \qquad \frac{\partial P}{\partial z} = -\rho g$$

由压强全微分方程 (3.13) 可得

$$\mathrm{d}P = \frac{\partial P}{\partial x}\mathrm{d}x + \frac{\partial P}{\partial y}\mathrm{d}y + \frac{\partial P}{\partial z}\mathrm{d}z = -\rho(a\mathrm{d}x + g\mathrm{d}z) \tag{3.29}$$

1. 压力分布

由于液体密度可以看成是常数,积分式 (3.29) 可得

$$P = -\rho(ax + gz) + C \tag{3.30}$$

积分常数 C 可由边界条件:$x = 0$,$z = 0$,$P = P_0$ 确定,$C = P_0$。从而有

$$P = P_0 - \rho(ax + gz) \tag{3.31}$$

可见,箱内的流体的压强是 x,z 的函数,它不仅与垂直坐标有关,还与水平坐标有关。

2. 等压面

根据等压面条件 $dP=0$，由式 (3.29) 得

$$dP = \rho(a\mathrm{d}x + g\mathrm{d}z) = 0$$

积分得

$$ax + gz = C_1 \tag{3.32}$$

即

$$z = -\frac{a}{g}x + C_1 \tag{3.33}$$

显然，等压面是一系列倾斜平面，等压面和 x 轴间的夹角

$$\alpha = -\arctan\left(\frac{a}{g}\right) \tag{3.34}$$

从图 3-13 可以看到，质量力的合力确实是垂直于等压面的。

例 3-3 一空的正方形水箱，横截面面积为 $b \times b = (200 \times 200)\ \mathrm{mm}^2$，质量为 $m_1 = 4\ \mathrm{kg}$，如图 3-14 所示。静止状态下箱内水的高度是 $h = 150\ \mathrm{mm}$。假设水箱在质量为 $m_2 = 25\ \mathrm{kg}$ 挂重作用下做加速运动，水箱与台面间的摩擦系数 $f_s = 0.3$。为了保证水不从水箱溢出，水箱壁的最小高度 H 为多少？

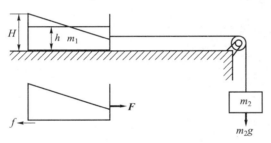

图 3-14 加速直线运动水箱

解： 忽略滑轮的质量，设系统的加速度大小为 a，绳子的拉力为 F，水箱与台面间的摩擦力为 F_f，根据牛顿第二定律，可以列出水箱、挂重的动力学方程：

$$m_2 g - F = m_2 a$$
$$F - F_f = (m_1 + \rho h b^2)a$$

摩擦力可写为

$$F_f = f_s(m_1 + \rho h b^2)g$$

由上述三个方程，可将加速度表示为

$$a = \frac{m_2 - f_s(m_1 + \rho h b^2)}{m_1 + m_2 + \rho h b^2}g$$

由自由液面方程 (3.33) 得自由液面斜率为

$$\tan\alpha = \frac{a}{g} = \frac{m_2 - f_s(m_1 + \rho h b^2)}{m_1 + m_2 + \rho h b^2}$$

水刚好不从水箱溢出时，水箱中水的体积保持不变，则

$$\frac{1}{2}\left[H+(H-b\tan\alpha)\right]b^2 = hb^2$$

计算得

$$H = h + \frac{b\tan\alpha}{2}$$

3.5.2 等角速度转动

设一盛有液体的容器绕 z 轴以等角速度 ω 转动，如图 3-15 所示。

将坐标原点选在原静止液面的中心，z 轴铅垂向上，x、y 轴在水平面内。流体在质量力和惯性力的作用下，相对于动坐标系处于相对静止状态。液体满足流体静力学基本方程式：

$$\nabla P = \rho \, \vec{f} = \rho(\vec{g} - \vec{a}) \tag{3.35}$$

重力加速度 $\vec{g}$ 在三个坐标上的投影分别为 $g_x = 0$，$g_y = 0$，$g_z = -g$。容器中流体质点的加速度分析如图 3-16 所示。

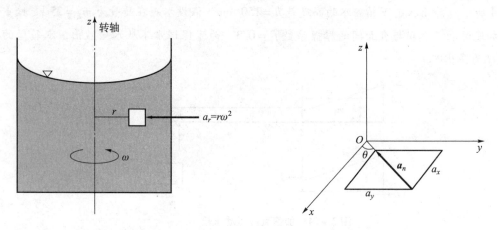

图 3-15 匀角速度转动容器　　图 3-16 匀角速度转动容器内流体质点的加速度分析

任意流体质点的加速度 $\vec{a}$ 在三个坐标上的投影分别为

$$a_x = -a_n\cos\theta = -r\omega^2\cos\theta = -x\omega^2$$
$$a_y = -a_n\sin\theta = -r\omega^2\sin\theta = -y\omega^2 \tag{3.36}$$
$$a_z \equiv 0$$

把式（3.36）代入方程（3.35）可得

$$\frac{\partial P}{\partial x} = \rho x\omega^2, \quad \frac{\partial P}{\partial y} = \rho y\omega^2, \quad \frac{\partial P}{\partial z} = -\rho g$$

由压强全微分方程（3.13）可得到

$$\mathrm{d}P = \frac{\partial P}{\partial x}\mathrm{d}x + \frac{\partial P}{\partial y}\mathrm{d}y + \frac{\partial P}{\partial z}\mathrm{d}z = \rho(x\omega^2\mathrm{d}x + y\omega^2\mathrm{d}y - g\mathrm{d}z) \tag{3.37}$$

1. 压强分布

由于液体密度可以看成常数，积分得方程：

$$P = \rho\left(\frac{\omega^2 x^2 + \omega^2 y^2}{2} - gz\right) + C = \rho g\left(\frac{\omega^2 r^2}{2g} - z\right) + C \tag{3.38}$$

积分常数 C 可由边界条件：$r = 0$，$z = 0$，$P = P_0$ 得 $C = P_0$。从而有

$$P = P_0 + \rho g\left(\frac{\omega^2 r^2}{2g} - z\right) \tag{3.39}$$

2. 等压面特征

根据等压面条件 $\mathrm{d}P = 0$，由方程（3.37）得

$$\mathrm{d}P = \rho(\omega^2 x \mathrm{d}x + \omega^2 y \mathrm{d}y - g\mathrm{d}z) = 0$$

积分上式可得等压面方程

$$\frac{\omega^2 r^2}{2g} - z = C_1 \tag{3.40}$$

即

$$z = \frac{\omega^2 r^2}{2g} - C_1 \tag{3.41}$$

显然等压面为旋转的抛物面，不同的 C_1 代表不同的等压面。

对于自由液面，当 $r = 0$，$z = 0$ 时，$C_1 = 0$。因此，自由液面的方程可以表示为

$$\frac{\omega^2 r_\mathrm{s}^2}{2g} - z_\mathrm{s} = 0 \tag{3.42}$$

例 3 - 4　如图 3 - 17 所示，两个尺寸相同的圆柱形水桶，其高度为 H，半径为 R，顶盖上各开有小孔与大气相通，大气压为 P_a，图 3 - 17（a）中的小孔开在顶盖中心，即 $r = 0$ 处；图 3 - 17（b）中的小孔开在顶盖边上，即 $r = R$ 处。设两个水桶都装满了水，都以恒定角速度 ω 旋转。

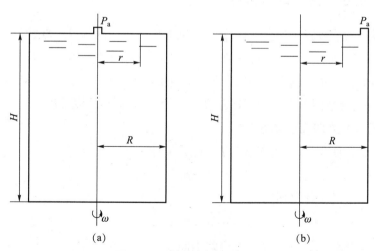

(a)　　　　　　　　　　　　　　　(b)

图 3 - 17　等角速度旋转水桶

（1）求两种情况下，桶内流体的压强分布。

（2）已知 $R = 12$ cm，$\omega = 30$ rad/s，$P_\mathrm{a} = 1.0 \times 10^5$ Pa。求顶盖上 A 点（$r = 10$ cm）处的压强 P_A，两个桶有无区别，为什么？

解： 根据匀角速度转动容器的压强方程，两种情况下，桶中水的压强分布可以表示为

$$P = \rho g \left(\frac{\omega^2 r^2}{2g} - z \right) + C \tag{3.43}$$

（1）将坐标原点放在水桶顶部中心点处，图 3-17（a）的边界条件为 $r=0$、$z=0$、$P=P_a$，代入方程（3.43），得 $C=P_a$。故压强分布为

$$P = P_a + \rho g \left(\frac{\omega^2 r^2}{2g} - z \right)$$

（2）图 3-17（b）的边界条件为 $r=R$、$z=0$、$P=P_a$，代入方程（3.43），得 $C=P_a - \frac{\rho \omega^2 R^2}{2}$。故压强分布为

$$P = P_a + \rho g \left[\frac{\omega^2 (r^2 - R^2)}{2g} - z \right]$$

（3）图 3-17（a）中 A 点的相对压强为

$$P_{eA} = P_A - P_a = \frac{\rho \omega^2 r_A^2}{2} = 6\,480 \text{ Pa}$$

（4）图 3-17（b）中 A 点为真空

$$P_{vA} = P_a - P_A = \frac{\rho \omega^2 (R^2 - r_A^2)}{2} = 1\,980 \text{ Pa}$$

3.6　静止流体作用在固体面上的力

3.6.1　作用在平面上的流体静压力

有一任意形状的平板置于静止流体中，其与水平面的倾角为 θ，如图 3-18 所示。根据静压强的特征，平壁面上所受液体静压强垂直于平面壁，因此，作用于平壁面一侧的流体静压力是一个空间平行力系，其有合力，所受静压力的合力为 F。其中 h 为斜平面任一点到自由液面的深度，h_{CG} 为平面形形心的浸没深度，h_{CP} 为压力中心的浸没深度。

1. 流体静压力合力的大小和方向

任意选取一微元面积 dA，其深度为 h，此处流体表压为

$$P = \rho g h$$

则作用在此微元面上的流体静压力为

$$dF = \rho g h dA = \rho g y \sin\theta dA$$

将上式在整个平板上进行积分，可得此平面壁上的总压力为

$$F = \iint_A \rho g y \sin\theta dA = \rho g \sin\theta \iint_A y dA \tag{3.44}$$

式中，$\iint_A y dA = y_{CG} A$ 为平面对 ox 轴的静矩。

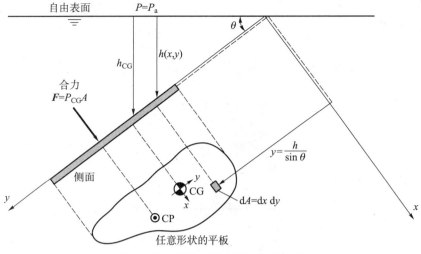

图 3 – 18　倾斜平面上液体的总压力

$$F = \iint_A \rho g y \sin\theta \mathrm{d}A = \rho g \sin\theta \iint_A y \mathrm{d}A = \rho g h_{CG} A \qquad (3.45)$$

式中，$h_{CG} = y_{CG}\sin\theta$ 为形心淹深。可见，静止液体作用在任意形状平面壁上的总压力为受压面积 A 与其形心处液体的静压强的乘积，与平板的形状无关。合力的作用方向与分力的方向相同，都垂直指向受压面。

2. 总压力的作用点

合力的作用位置 CP 称为压力中心，可以通过合力矩定理确定。微元面 $\mathrm{d}A$ 上受到的流体静压力对 ox 轴的力矩为

$$\mathrm{d}M_x = \rho g h \mathrm{d}A \cdot y = \rho g y \sin\theta \mathrm{d}A \cdot y$$

根据合力矩定律

$$F y_{CP} = \iint_A \rho g y^2 \sin\theta \mathrm{d}A = \rho g \sin\theta I_x$$

式中，y_{CP} 为合力作用点的 y 坐标；$I_x = \iint_A y^2 \mathrm{d}A$ 为平面对 ox 轴的惯性矩。

根据惯性矩平行移轴定理，$I_x = I_{xC} + y_{CG}^2 A$。从而有

$$y_{CP} = \frac{I_x}{y_{CG}A} = y_C + \frac{I_{xC}}{y_{CG}A} \qquad (3.46)$$

式中，I_{xC} 为平板对形心且平行于 x 轴的惯性矩。

讨论：由于 $I_{xC} \geq 0$，故 $y_{CP} \geq y_{CG}$，即总压力 F 的作用点一般都在形心之下。随淹没的深度增加，压力中心逐渐趋近于形心。类似地，可以得到压力中心的坐标 x_{CP}

$$x_{CP} = \frac{I_{xy}}{x_{CG}A} = x_{CG} + \frac{I_{xyC}}{x_{CG}A} \qquad (3.47)$$

若通过形心的坐标系中有任何一轴是平面的对称轴，惯性积 $I_{xyC} = 0$，则 $x_{CP} = x_{CG}$，压力中心在过平面形心平行于 y 轴的直线上。

例3－5 如图3－19所示，一铅直矩形闸门，已知 $h_1 = 1$ m，$h_2 = 2$ m，宽 $b = 1.5$ m，求总压力及其作用点。

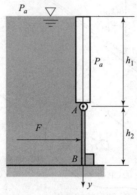

图3－19 矩形闸门

解： 建立如图3－19所示坐标系，由压力计算公式

$$F = \rho g h_{CG} A$$

式中，形心淹深 $h_{CG} = y_{CG} = h_1 + h_2/2 = 2$ m，截面积 $A = h_2 b = 3$ m^2。故

$$F = \rho g h_{CG} A = 9\,800 \times 2 \times 3 = 58.8 \,(\text{kN})$$

压力中心位置

$$y_{CP} = y_{CG} + \frac{I_{xC}}{y_{CG}A} = \left(h_1 + \frac{h_2}{2}\right) + \frac{\dfrac{bh_2^3}{12}}{\left(h_1 + \dfrac{h_2}{2}\right)bh_2} = \left(1 + \frac{2}{2}\right) + \frac{\dfrac{1.5 \times 2^3}{12}}{\left(1 + \dfrac{2}{2}\right) \times 1.5 \times 2} = 2.17 \text{ m}$$

例3－6 图3－20所示为绕铰链 C 转动的自动开启式矩形平板闸门。已知闸门倾角为 $\theta = 60°$，宽度为 $b = 5$ m，闸门两侧水深分别为 $H = 4$ m 和 $h = 2$ m，为避免闸门自动开启，试求转轴 C 至闸门下端 B 的最小距离。

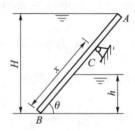

图3－20 自动开启式矩形平板闸门

解： 为避免闸门自动开启，闸门左侧所受合力对转轴 C 产生力矩要大于闸门右侧所受合力对转轴 C 产生力矩，即

$$F_{左}\left(x - \frac{H}{2\sin\theta} + \frac{H\sin\theta}{6}\right) \geqslant F_{右}\left(x - \frac{h}{2\sin\theta} + \frac{h\sin\theta}{6}\right)$$

式中

$$F_{左} = \frac{1}{2}\rho g b H^2, \quad F_{右} = \frac{1}{2}\rho b h^2$$

故

$$x \geqslant \frac{H^2\left(\dfrac{H}{2\sin\theta} - \dfrac{H\sin\theta}{6}\right) - h^2\left(\dfrac{h}{2\sin\theta} - \dfrac{h\sin\theta}{6}\right)}{(H^2 - h^2)} = 2.02 \text{ m}$$

因此，转轴 C 至闸门下端 B 的距离 x 最小为 1.796 m。

3.6.2　作用在曲面上的流体静压力

工程上常需计算各种曲面壁（例如回转体容器壁面、连拱坝坝面等）上的液体总压力。对于二向曲面壁 AB，如图 3-21 所示，曲面左上部承受水压，研究曲面 AB 受到的流体静压力。

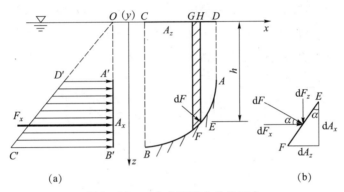

图 3-21　二向曲面壁上的总压力

在曲面上沿曲面母线方向取微元面 EF，其面积为 dA，其在液面以下的深度为 h，则此微元面上所承受的流体静压力大小为

$$dF = \rho g h dA \tag{3.48}$$

其方向垂直指向微元面 EF，由于曲面上微元面的法线随其位置不断变化，方便起见，将作用在微元面上的静压力正交分解。设 α 为微元面 EF 法线与水平线间的夹角，则可得 dF 在水平方向的投影为

$$dF_x = dF\cos\alpha = \rho g h dA\cos\alpha = \rho g h dA_x \tag{3.49}$$

式中，$dA_x = dA\cos\alpha$ 为 dA 在铅垂面上的投影面积。因此，微元曲面受到的流体静压力的水平分力大小可以看成是此微元面在铅垂方向上的投影面受到的流体静压力的大小。整个曲面 AB 受到的流体静压力在水平分力的大小等于其在铅垂方向的投影面 $A'B'$ 受到的静压力的大小。

因此，曲面 AB 受到的总压力 F 的水平分力大小为

$$F_x = \iint_{A_x} \rho g h dA_x = \rho g \iint_{A_x} h dA_x = \rho g h_{CG} A_x \tag{3.50}$$

式中，积分式 h_{CG} 为曲面 AB 的垂直投影面的形心的浸没深度；A_x 为曲面 AB 的垂直投影面的面积。水平分力的作用点可以根据平板上流体静压力作用点的计算公式确定。

微元面 EF 上受到的流体静压力的铅垂分量为

$$\mathrm{d}F_z = \mathrm{d}F\sin\alpha = \rho gh\mathrm{d}A\sin\alpha = \rho gh\mathrm{d}A_z \tag{3.51}$$

式中，$\mathrm{d}A_z = \mathrm{d}A\sin\alpha$ 为 EF 在水平面上的投影面积；$h\mathrm{d}A_z$ 表示从曲面到自由表面间的空间体积。

整个曲面 AB 受到的流体静压力在铅垂方向上的投影大小为所有微元分力之和：

$$F_z = \iint_{A_z} \rho gh\mathrm{d}A_z = \rho g \iint_{A_z} h\mathrm{d}A_z \tag{3.52}$$

式中，$\displaystyle\iint_{A_z} h\mathrm{d}A_z = V_P$ 为曲面 AB 与自由表面包围的空间体积，即体积 $ABCD$，称为**压力体**。故总压力 F 的垂直分力为

$$F_z = \rho g V_P \tag{3.53}$$

式中，F_z 的方向取决于液体及压力体与受压曲面之间的相互位置，如图 3-22 所示。

液体和压力体位于曲面同侧时，压力体为"实压力体"或"正压力体"，F_z 的方向向下。否则，压力体为"虚压力体"或"负压力体"，F_z 的方向向上。

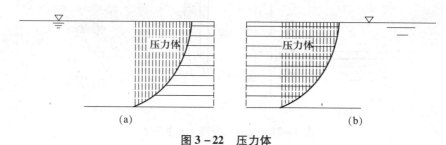

图 3-22　压力体

（a）正压力体；（b）负压力体

铅垂分力的作用点为压力体的重心。因此，液体作用在曲面上总压力的大小为

$$F = \sqrt{F_x^2 + F_z^2} \tag{3.54}$$

其中，总压力的倾斜角为 $\alpha = \arctan\dfrac{F_z}{F_x}$。总压力 F 的作用点位于 F_x 与 F_y 的作用线的交点。

例 3-7　如图 3-23 所示的圆滚门，长度 $l=10$ m，直径 $D=4$ m，上游水深 $H_1=4$ m，下游水深 $H_2=2$ m，求作用于圆滚门上的水平和铅垂方向的分压力。

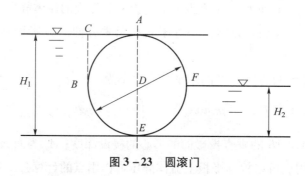

图 3-23　圆滚门

解：圆滚门面可以从虚线处分为左、右两部分。左圆柱面：

$$F_{x1} = \rho g h_{c1} A_{x1} = \rho g \frac{H_1}{2} D l = 784 \text{ kN}$$

压力体为空间 $ACBE - ACB$，即半个圆柱体体积，

$$F_{z1} = \rho g V_1 = \rho g \frac{\pi}{2} \left(\frac{D}{2} \right)^2 l = 615.75 \text{ kN}$$

同理，对于圆滚门右侧下部分：

$$F_{x2} = \rho g h_{c2} A_{x2} = \rho g \frac{H_2}{2} H_2 l = 196 \text{ kN}$$

压力体为空间 DEF，即四分之一个圆柱体体积

$$F_{z2} = \rho g V_2 = \rho g \frac{\pi}{4} \left(\frac{D}{2} \right)^2 l = 307.88 \text{ kN}$$

水平方向分量为 $F_x = F_{x1} - F_{x2} = 784 - 196 = 588 (\text{kN})$，方向向右；
铅垂方向分量为 $F_z = F_{z1} + F_{z2} = 615.75 + 307.88 = 923.63 (\text{kN})$，方向向上。
圆滚门受到的流体静压力的合力通过其圆心吗？读者可以根据静力学相关理论证明。

例 3 - 8　图 3 - 24 所示为一圆柱形容器，直径 $d = 300$ mm，高 $H = 500$ mm，容器内装水，水深 $h_1 = 300$ mm，使容器绕垂直轴做等角速度旋转。

(1) 试确定水刚好不溢出的转速 n_1；

(2) 求刚好露出容器底面时的转速 n_2。

(3) 当容器转速为转速 n_2 时，容器底部中心和边界点的压强分别为多大？

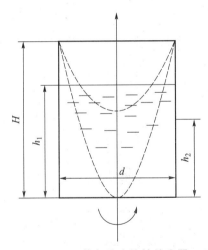

图 3 - 24　等角速度旋转的容器

解：(1) 设当水刚好不溢出。旋转抛物体的体积 V 等于同高圆柱体的体积的一半，设坐标原点在容器底部中心点处，令 h 为抛物面顶点到容器边缘的高度。空体积旋转后形成的旋转抛物体的体积等于具有相同底面等高的圆柱体的体积的一半

$$V = \frac{1}{2} \cdot \frac{1}{4} \pi d^2 h$$

无水溢出时，桶内水的体积旋转前后相等，故

$$\frac{1}{4}\pi d^2 h_1 = \frac{1}{4}\pi d^2 H - \frac{1}{2} \cdot \frac{1}{4}\pi d^2 h$$

即

$$h = 2(H - h_1)$$

等角速度旋转容器中液体相对静止时等压面的方程为

$$z = \frac{\omega^2 r^2}{2g} + C$$

圆筒以转速 n_1 旋转时，自由液面上中心点处 $r=0$，$z=h$，则 $C=h$。在自由液面边缘处 $r=R$，$z=H$，则有

$$H = \frac{\omega_1^2 (d/2)^2}{2g} + h$$

得

$$\omega_1 = \frac{2\sqrt{2g(H-h)}}{d}$$

代入参数，计算得

$$\omega_1 = \frac{\sqrt{8g(H-h)}}{d} = \frac{\sqrt{8 \times 9.807 \times (0.5 - 0.3)}}{0.3} = 13.2 \text{ rad/s}$$

$$n_1 = \frac{30\omega_1}{\pi} = \frac{30 \times 18.67}{\pi} = 178.3 (\text{r/min})$$

（2）刚好露出底面时，等角速度旋转容器中液体相对静止时等压面的方程也为

$$z = \frac{\omega^2 r^2}{2g} + C$$

此时，自由液面上中心点处，$r=0$，$z=0$。自由液面方程为 $z = \frac{\omega_2^2 r^2}{2g}$。在自由液面边缘处 $r=d/2$，$z=H$，则有

$$H = \frac{\omega_2^2 d^2}{8g} = 0.5 \text{ m}$$

得

$$\omega_2 = \sqrt{\frac{8gH}{d^2}} = \sqrt{\frac{8 \times 9.807 \times 0.5}{0.3^2}} = 20.88 (\text{rad/s})$$

$$n_2 = \frac{30\omega_2}{\pi} = \frac{30 \times 20.88}{\pi} = 199.4 (\text{r/min})$$

（3）当容器转速为 n_2 时，刚好露出容器底面。容器中液体压强分布为

$$P = P_a + \rho g \left(\frac{\omega^2 r^2}{2g} - z \right) + C$$

代入边界条件：

$$P_A\big|_{r=0,z=0} = P_a + \rho g\left(\frac{\omega^2 r^2}{2g} - z\right) + C = P_a \Rightarrow C = 0$$

$$P_C\big|_{r=R,z=0} = P_a + \rho g\left(\frac{\omega^2 r^2}{2g} - z\right) = P_a + \rho g \frac{\omega^2 (d/2)^2}{2g} = P_a + \rho g \frac{\omega^2 d^2}{8g} = P_a + \rho g H$$

对容器底部，其压力体的大小

$$V = \int_{r=0}^{R} \frac{\omega^2 r^2}{2g} 2\pi r \mathrm{d}r$$

正是容器中流体的体积。

3.7　浮力及浮体的稳定性

3.7.1　浮力

什么是浮力？浮力是流体对浸没（或半浸没）物体表面所施加的流体静压力的合力。

如图 3 – 25 所示，有一物体完全浸没在静止液体中，物体受到的静压力 F 可以分解成水平方向的分量 F_x、F_y 和垂直方向分量 F_z。根据作用在曲面上的流体静压力特点，当把物体表面分为左与右、前与后两部分时，物体表面左与右、前与后部分受到的流体静压力大小相等，方向相反。流体静压力在左右、前后方向平衡。

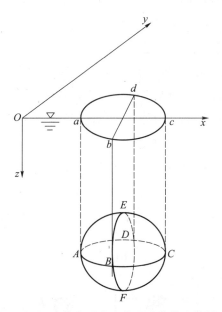

图 3 – 25　液体作用在完全浸没物体上的浮力

当把物体表面分为上下两部分时，上表面 ABCDE 的压力体为 ABCDEabcd，方向向下，下表面 ABCDF 的压力体为 ABCDFabcd，方向向上。因此，完全浸没物体在铅垂方向的受力大小由压力体 ABCD，即物体的体积确定。

对于物体的上半部分，压力体为 ABCDEabcd，受到的铅垂方向的力为 $F_{pz1} = -\rho g V_{ABCDEabcd}$，

方向向下；

对于物体的下半部分，压力体为 $ABCDFabcd$，受到的铅垂方向的力为 $F_{pz2}=\rho g V_{ABCDFabcd}$，方向向上。从而可得物体所受浮力为

$$F_z = F_{pz1}+F_{pz2}=\rho g(V_{ABCDFabcd}-V_{ABCDEabcd})=\rho g V_{ABCD} \tag{3.55}$$

可见，液体对物体的浮力只与液体的密度和物体排开液体的体积有关，浮力与物体的深度和物体的形状无关。

因此，浸没于液体中的物体（潜沉）受到浮力（垂直向上的合压力）的大小等于该物体所排开液体的重量，浮力的作用点称为浮心，为物体的形心。这结论是阿基米德首先提出的，故称阿基米德浮力原理，它不仅适用于各种液体，也使用于气体。另外，物体有可能不是完全沉没在液体中，而是一部分沉没在液体中，这种半浸没物体受到的浮力的计算与完全浸没物体的类似，阿基米德浮力定律同样适用。

3.7.2　浮体的稳定性

当物体浸没在液体中，且只受到浮力和重力时，物体有以下三种存在方式：

（1）重力大于浮力，物体将下沉到底，称为沉体；

（2）重力等于浮力，物体可以潜没于液体中，称为潜体；

（3）重力小于浮力，物体会上浮，直到部分物体露出液面，使留在液面以下部分物体所排开的液体重量恰好等于物体重量，即浮体。

对浮体和潜体而言，物体所受向上的浮力与向下的重力大小相等且物体的重心与浮心在同一条垂线上时，浮体是平衡的，如图 3-26（a）所示。当浮体受到外界扰动（如风浪的作用）后会发生倾斜，在外界扰动消失后，浮体恢复到原来平衡状态的能力，称为浮体的稳定性。

如图 3-26 所示，浮体在平衡时和微倾后浮力作用线的交点 M 称为定倾中心，当 M 点高于重心 G 点 [图 3-26（b）] 时，重力与倾斜后的浮力构成一个使浮体恢复到原来平衡位置的转动力矩，又叫恢复力矩，浮体处于稳定平衡状态。反之，如图 3-26（c）所示，则上述重力与浮力将构成一个使浮体有加速倾倒趋势的转动力矩，又叫倾覆力矩，浮体处于不稳定平衡状态。

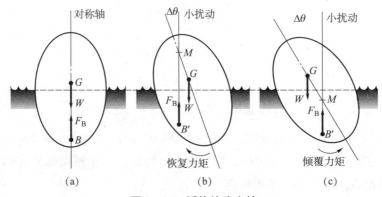

图 3-26　浮体的稳定性

习　题

3.1　静止的基本特征是什么？静压强的特性是什么？

3.2　如图 3-27 所示的双 U 形管，用来测定比水小的液体的密度，试用液柱高差来确定未知液体的密度 ρ（设管中水的密度为 1 000 kg/m³）。

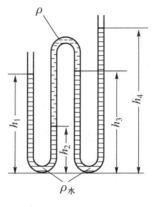

图 3-27　题 3.2 图

3.3　如图 3-28 所示，U 形管中水银面的高差 $h = 0.32$ m，其他流体为水。容器 A 和容器 B 中心的位置高差 $z = 1$ m。求 A、B 两容器中心处的压强差（设管中水的重度为 9 810 N/m³，水银的重度为 133 416 N/m³）。

3.4　一压强测试系统如图 3-29 所示，如果 $L = 120$ cm，容器的气压为多少？如果 $P_A = 150$ kPa，长度 L 应该为多少？

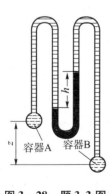

图 3-28　题 3.3 图

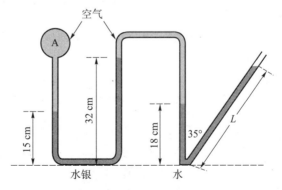

图 3-29　题 3.4 图

3.5　一压强测试系统如图 3-30 所示，试确定点 A 的压强高于还是低于大气压？

3.6　一个 U 形管加速度计匀加速度运动时，可以通过管中液面相对高度确定其加速度，如图 3-31 所示。如果 $L = 18$ cm，$D = 5$ mm，$h = 50$ mm，试确定加速度。加速度计上的刻度是线性的吗？

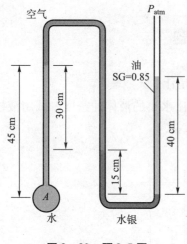

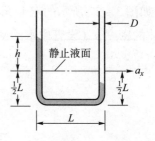

图 3-30 题 3.5 图   图 3-31 题 3.6 图

3.7 一 U 形管定轴转动，如图 3-32 所示，液体是 20 ℃的汞，试计算其旋转角速度。

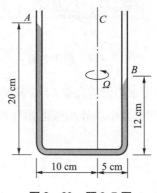

图 3-32 题 3.7 图

3.8 如图 3-33 所示，分析作用在半圆板 AB 上的流体作用力，半圆板的厚度为 b，哪个半圆板上受到的力更大？为什么？

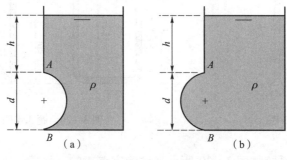

图 3-33 题 3.8 图

3.9 如图 3-34 所示，闸门 ABC 可以绕铰链 B 旋转，其半径为 1.0 m，当闸门前水位 $h=8$ m 时，需要多大的力才能使得闸门静止？忽略大气压力。

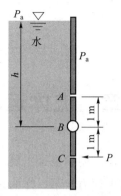

图 3 - 34　题 3.9 图

3.10　如图 3 - 35 所示，闸门 *AB* 通过 *A* 点处的铰链铰接，闸门宽 2 m，高 1.5 m。闸门水位深 *h* = 3.0 m，试计算铰链 *A* 处的约束力和 *B* 点的阻力大小。

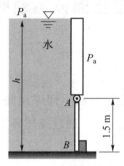

图 3 - 35　题 3.10 图

3.11　如图 3 - 36 所示，有一盛水的开口容器以 3.6 m/s² 的加速度沿与水平呈 30°夹角的倾斜平面向上运动，试求容器中水面的倾角，并分析 *P* 与水深的关系。

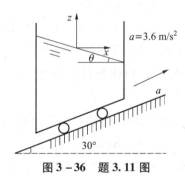

图 3 - 36　题 3.11 图

第4章 流体运动学

与牛顿力学中的运动学一样，流体运动学也是主要从几何学角度讨论流体运动的描述方法和流体的运动参数等问题。但是与牛顿力学不一样的是，流体力学中更关心的是某个空间点或区域中的流动规律。在实际工程中，也常常需要对流体的运动规律进行分析和研究。本章主要介绍这些具有鲜明流体力学特点的运动学概念。

4.1 描述流体运动的方法

4.1.1 拉格朗日法

拉格朗日方法是一种"质点跟踪"方法，即跟踪每个流体质点的运动全过程，记录它们在运动过程中的各物理量及其变化规律，通过描述各质点的流动参数变化规律来确定整个流体的变化规律。

在直角坐标系中，拉格朗日方法对于流体质点（a，b，c）位移的数学描述为

$$\begin{cases} x = x(a, b, c, t) \\ y = y(a, b, c, t) \\ z = z(a, b, c, t) \end{cases} \tag{4.1}$$

式中，（a，b，c）代表流体质点，称为拉格朗日变量，是流体质点的标号。对于某个确定的流体质点（a，b，c），t 为变量时，拉格朗日法描述的是流体质点的运动轨迹；当对于某个确定时刻 t，（a，b，c）为变量时，拉格朗日法描述的是某一时刻不同流体质点的位置分布。

类似地，对任一物理量 N，都可以用拉格朗日变数描述为

$$N = N(a, b, c, t)$$

需要指出的是由于一定量的流体所包含的流体质点的数量相当大，采用拉格朗日方法逐一描述每一个流体质点时，所建立的方程个数极大，数学求解极其困难。更为重要的是大多数工程问题中，我们并不真正关心某个或某些流体质点的运动，而是关心在特定空间点或空间范围内的流体质点的运动。如设计水泵时，我们关心的是水泵里水的运动情况，它们会影响水泵的工作特性。一旦原来在水泵里的水质点流出了水泵，我们不再关心其运动情况。

4.1.2　欧拉法

欧拉法则是一种"放哨"的方法，通过记录空间每一点上流体质点的物理量及其变化，综合获得流场中物理量随时间的变化情况，得到描述整个流体的流动情况。

假定在流场中不同的空间位置（x，y，z）设定"观察点"，其空间位置是固定的。直角坐标系中，某时刻 t 位于空间点（x，y，z）上流体质点位置的数学描述为

$$\begin{cases} x = x(x,y,z,t) \\ y = y(x,y,z,t) \\ z = z(x,y,z,t) \end{cases} \tag{4.2}$$

式中，左侧的（x，y，z）是质点矢径的三个分量，右侧（x，y，z）是空间点坐标，又称欧拉变数。类似地，对任一物理量 N，都可以用欧拉法描述为

$$N = N(x,y,z,t)$$

欧拉法描述的是特定空间点或区域中的流体物理量分布，在流体力学上获得广泛应用。如测绘河流的水情时，在河流沿线设立许多水文站，即水情观察点，综合各水文站的数据，即可知道整个河流的水文情况（如水位分布、流速分布等）；设计容器、反应器、过程机械等装备时，通过分析装备中的流体运动来优化结构等。今后，本书不加说明的运动描述主要采用欧拉法。

4.1.3　拉格朗日法与欧拉法关系

尽管拉格朗日和欧拉法的着眼点不同，它们实质上是等价的。如果质点（a，b，c）在 t 时刻正好到达空间位置（x，y，z），则根据式（4.1）和式（4.2）有：

$$N = N(x,y,z,t) = N[x(a,b,c,t),y(a,b,c,t),z(a,b,c,t),t] = N(a,b,c,t) \tag{4.3}$$

因此，用一种方式描述的质点流动规律完全可以转化为另一种方式。

4.2　流场的分类

前面，我们提到流体力学中更多采用欧拉法来描述流体运动，欧拉法的本质是"场"的观点。所谓"场"是指空间充满了连续的物质，而这些物质的某些物理量分布在整个流动空间形成物理量的场，正如我们熟悉的重力场、磁场等。对流体而言，就是流场，流体的物理量，如流速、压强、温度连续分布在整个流动空间中，即所谓的速度场、压强场、温度场等。按不同的变化规律，可以把流场分为不同的变化规律。

4.2.1　定常场和非定常场

流场中，若任意物理量 N 分布与时间 t 无关，即

$$\frac{\partial N}{\partial t} = 0$$

则称之为定常场或定常流动，即 $N = N(x, y, z)$。否则，其为非定常场或非定常流动。定常场中各物理量分布具有时间不变性。

显然，相比非定常流动，定常流动中物理参数只是三个空间坐标的函数，从数学处理的角度，定常流动中的数学描述更简单。那么，有没有可能把非定常流动看成是定常流动的可能性呢？答案是肯定的，比如一艘沿直线匀速运动的船舶，人站在船上看到船尾的流体运动几乎不随时间变化，此时可以把流动看成是定常的。而站在岸边的人，看到的是船舶运动带来的波起、波灭，此时流动是非定常的。可以看到，通过选择合适的坐标系，我们能把很多非定常流动处理成定常流动。

4.2.2 均匀场和非均匀场

流场中，若任意物理量 N 的分布与空间无关，即

$$\frac{\partial N}{\partial x} = \frac{\partial N}{\partial y} = \frac{\partial N}{\partial z} = 0$$

则称为均匀场或均匀流动，即 $N = N(t)$。否则，其为非均匀场或非均匀流动。均匀场各物理量分布具有空间不变性。比如生活中常说的温度均匀，就是指温度在某个空间区域是常数。

4.2.3 流动的维数

流场中，如果流动参数只是一个坐标的函数的流动称为一维流动；流动参数只是两个坐标的函数的流动称为两维流动；通常，流动参数是三个坐标的函数，称之为三维流动。

如图 4 - 1 (a) 所示，无限长圆管内流动，流体只有轴向速度分量，其仅为径向坐标的函数，即 $v_z = v_z(r, t)$，因此为一维流动。如图 4 - 1 (b) 所示，其为圆锥管内流动，流体也只有轴向速度分量，但是，此时轴向速度不仅是径向坐标，也是轴向坐标的函数，即 $v_z = v_z(r, z, t)$，因此为二维流动。一、二维流动通常是对流动在某种程度上的简化，相比较而言，实际工程中的流动更多的是三维流动。如图 4 - 2 所示的机翼表面的绕流流动，流体速度是三个空间坐标的函数。

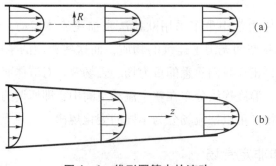

图 4 - 1　锥形圆管内的流动

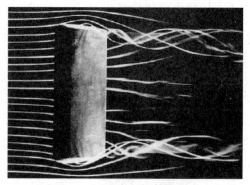

图 4 - 2　机翼表面的绕流流动

4.2.4　随体导数（时间导数、全导数）

所谓的随体导数（时间导数、全导数）是指流体质点的物理量随时间的变化率。用拉格朗日方法描述物理量时，随体导数就是物理量对时间的一阶导数。当用欧拉法描述时，任意物理量 N，可以表达为 $N = N(x, y, z, t)$，此时，随体导数该如何表达呢？显然不能直接通过把 N 对时间求一阶导数来获得随体导数，为什么呢？读者可以利用导数的基本概念说明。

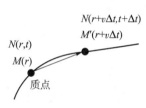

图 4 - 3　随体导数示意图

如图 4 - 3 所示，已知质点 A 的运动轨迹，t 时刻质点 A 位于空间点 $M(r)$ 处，质点 A 的物理量为 $N(r, t)$，$t + \Delta t$ 时刻质点 A 位于空间点 $M'(r + v\Delta t)$ 处，质点 A 的物理量为 $N(r + v\Delta t, t + \Delta t)$。

因此，物质的物理量的变化率（用符号 $\dfrac{\mathrm{D}N}{\mathrm{D}t}$）可以表达为

$$
\begin{aligned}
\frac{\mathrm{D}N}{\mathrm{D}t} &= \lim_{\Delta t \to 0} \frac{N(r + v\Delta t, t + \Delta t) - N(x, y, z, t)}{\Delta t} \\
&= \lim_{\Delta t \to 0} \frac{N(x + u\Delta t, y + v\Delta t, z + w\Delta t, t + \Delta t) - N(x, y, z, t)}{\Delta t}
\end{aligned}
\tag{4.4}
$$

式中，u，v，w 为流体质点速度在 x，y，z 轴上的三个投影，根据泰勒级数，

$$N(x + u\Delta t, y + v\Delta t, z + w\Delta t, t + \Delta t)$$

$$= N(x, y, z, t) + \frac{\partial N}{\partial t}\Delta t + \frac{\partial N}{\partial x}u\Delta t + \frac{\partial N}{\partial y}v\Delta t + \frac{\partial N}{\partial z}w\Delta t + o(\Delta t^2) + o(\Delta x^2)$$

式（4.4）可以改写为

$$
\frac{\mathrm{D}N}{\mathrm{D}t} = \lim_{\Delta t \to 0} \frac{\frac{\partial N}{\partial t}\Delta t + \frac{\partial N}{\partial x}u\Delta t + \frac{\partial N}{\partial y}v\Delta t + \frac{\partial N}{\partial z}w\Delta t}{\Delta t} = \frac{\partial N}{\partial t} + u\frac{\partial N}{\partial x} + v\frac{\partial N}{\partial y} + w\frac{\partial N}{\partial z}
\tag{4.5}
$$

引入哈密尔顿算子 $\nabla = \dfrac{\partial}{\partial x}\vec{i} + \dfrac{\partial}{\partial y}\vec{j} + \dfrac{\partial}{\partial z}\vec{k}$，式（4.5）可简写为

$$
\frac{\mathrm{D}N}{\mathrm{D}t} = (\vec{v} \cdot \nabla)N + \frac{\partial N}{\partial t}
\tag{4.6}
$$

分析式（4.6）可知，质点导数由两部分组成。

（1）$\dfrac{\partial N}{\partial t}$：称为当地导数，又叫局部导数，它反映物理量随时间的变化率。在定常场中，各物理量均不随时间变化，故当地导数必为零。

（2）$\vec{v}\cdot\nabla$：称为迁移导数或对流导数，它反映物理量随空间的变化率。在均匀场中，各物理量均不随空间变化，故迁移导数必为零。

以速度 $\vec{v}$ 为例，说明质点导数的计算。质点的速度随时间的变化率，即加速度，由式（4.6）可以写为

$$\vec{a}=\frac{\mathrm{D}\vec{v}}{\mathrm{D}t}=(\vec{v}\cdot\nabla)\vec{v}+\frac{\partial\vec{v}}{\partial t} \tag{4.7}$$

直角坐标系中，式（4.7）的分量形式如下

$$
\begin{aligned}
a_x &= \frac{\partial u}{\partial t}+u\frac{\partial u}{\partial x}+v\frac{\partial u}{\partial y}+w\frac{\partial u}{\partial z}\\[4pt]
a_y &= \frac{\partial v}{\partial t}+u\frac{\partial v}{\partial x}+v\frac{\partial v}{\partial y}+w\frac{\partial v}{\partial z}\\[4pt]
a_z &= \frac{\partial w}{\partial t}+u\frac{\partial w}{\partial x}+v\frac{\partial w}{\partial y}+w\frac{\partial w}{\partial z}
\end{aligned}
\tag{4.8}
$$

可见，用欧拉方法描述流体运动时，质点的加速度不再是简单的速度对时间求导，还要包含位移变化引起的加速度。

图 4-4 所示装置可以说明质点加速度的概念。装在水箱中的水经过水箱底部的一段等径管路 a 及变径喷嘴段 b 由喷嘴喷出。不考虑速度和加速度以外的其他物理量，假定流体为一维流动，v 是经过管路的平均速度。在水位高 h 维持不变的条件下，管路 a 段中的流体作匀速运动，管路 b 段的速度沿管道轴向逐渐加快，两段都与时间 t 无关，形成的流场是定常的，所以时间 t 引起的当地加速度都是零。但 a 段中的流体运动与轴向坐标无关，没有迁移加速度，形成的流场是均匀场；而管路 b 段中流体速度沿轴向逐渐加快，迁移加速度不为零，形成的流场是非均匀场。

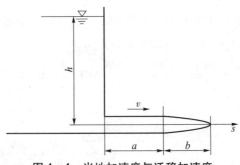

图 4-4　当地加速度与迁移加速度

例 4-1　已知平面流动的 $u=3x$ m/s，$v=3y$ m/s，试确定坐标为（8，6）点上流体的加速度。

解：由式（4.8）得：

$$a_x = \frac{\partial u}{\partial t} + \frac{\partial u}{\partial x}u + \frac{\partial u}{\partial y}v = 0 + 3 \times 3x + 0 = 72\left(\text{m/s}^2\right)$$

$$a_y = \frac{\partial v}{\partial t} + \frac{\partial v}{\partial x}u + \frac{\partial v}{\partial y}v = 0 + 0 + 3 \times 3y = 54\left(\text{m/s}^2\right)$$

该点上的加速度为 $a = \sqrt{a_x^2 + a_y^2} = 90$ m/s^2。

例 4 - 2　以拉格朗日变数 (a, b) 给出流体的运动规律为 $x = ae^{-2t}$，$y = be^t$。试确定欧拉变数表示的速度场。

解：根据拉格朗日法物质导数的计算方法：

$$v_x = \frac{\partial x}{\partial t} = -2ae^{-2t}$$

$$v_y = \frac{\partial y}{\partial t} = be^t$$

结合流体运动规律 $x = ae^{-2t}$，$y = be^t$ 得

$$v_x = -2x$$

$$v_y = y$$

4.3　迹线、流线和染色线

4.3.1　迹线

迹线是流体质点运动轨迹线，是拉格朗日方法描述的几何基础。如果流体运动由拉格朗日变量给出，便可以从运动方程式消去时间 t，得到迹线方程。如果流体运动由欧拉变量给出，便可给出迹线的运动微分方程组：

$$\frac{\mathrm{d}x}{v_x} = \frac{\mathrm{d}y}{v_y} = \frac{\mathrm{d}z}{v_z} = \mathrm{d}t \tag{4.9}$$

对式（4.9）积分，得到流体质点坐标随时间的变化规律，消去时间 t 即可。

4.3.2　流线

所谓流线，是流场中某一时刻假想的一条曲线，位于该曲线上的所有流体质点的运动方向都与这条曲线相切，如图 4 - 5 所示。

设流线上某质点 A 的瞬时速度为 $\vec{v} = v_x\vec{i} + v_y\vec{j} + v_z\vec{k}$，如图 4 - 6 所示。在流线上微线段 $\mathrm{d}\vec{s} = \mathrm{d}x\vec{i} + \mathrm{d}y\vec{j} + \mathrm{d}z\vec{k}$，根据流线定义，速度矢量 $\vec{v}$ 与流线矢量 $\mathrm{d}\vec{s}$ 方向一致，两矢量的叉积为零，于是有

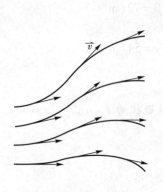

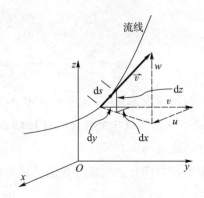

图 4-5　流线示意图　　　　　　　图 4-6　流线方程

$$\vec{v} \times \mathrm{d}\vec{s} = 0 \tag{4.10}$$

把式（4.10）写成行列式的形式可得

$$\vec{v} \times \mathrm{d}\vec{s} = \begin{vmatrix} \vec{i} & \vec{j} & \vec{k} \\ \mathrm{d}x & \mathrm{d}y & \mathrm{d}z \\ u & v & w \end{vmatrix} = 0 \tag{4.11}$$

整理可得流线微分方程式：

$$\frac{\mathrm{d}x}{u(x,\ y,\ z,\ t)} = \frac{\mathrm{d}y}{v(x,\ y,\ z,\ t)} = \frac{\mathrm{d}z}{w(x,\ y,\ z,\ t)} \tag{4.12}$$

可以看到流线方程（4.12）和迹线方程（4.9）在形式上非常相似，从上述两个方程中可以清晰地看到流线和迹线的差别。

例 4-3　已知流场中质点的速度为 $u = kx$，$v = -ky$（$y \geq 0$），试求流场中质点的加速度及流线方程。

解： 由欧拉法可得质点加速度为

$$a_x = \frac{\mathrm{D}u}{\mathrm{D}t} = u \frac{\partial u}{\partial x} + v \frac{\partial u}{\partial y} = k^2 x$$

$$a_y = \frac{\mathrm{D}v}{\mathrm{D}t} = u \frac{\partial v}{\partial x} + v \frac{\partial v}{\partial y} = k^2 y$$

$$a = \sqrt{a_x^2 + a_y^2} = k^2 r$$

从流线方程 $\frac{\mathrm{d}x}{kx} = \frac{\mathrm{d}y}{-ky}$ 中消去 k，积分得

$$\ln x = -\ln y + \ln C$$

即　　　　　　　　$xy = C$

作流线方程 $xy = C$ 的曲线如图 4-7 所示，它们是一簇双曲线，质点离原点越近，即 r 越小，其加速度和速度均越小，在 $r = 0$ 点处，速度与加速度均为零。流体力学中，速度为零的点称为驻点（或滞

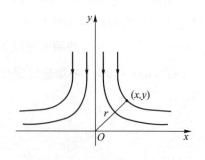

图 4-7　双曲线流线

止点），如图 4 - 7 中 O 点即驻点。在 $r \to \infty$ 的无穷远处，质点速度与加速度均趋于无穷大。速度趋于无穷大的点为奇点。驻点和奇点是流场中的两种极端情况，一般流场中不一定存在。

流线具有以下性质：

（1）定常流动中流线形状不随时间变化，而且流体质点的迹线与流线重合。但是在非定常流动的情况下，流线的形状随时间而改变，迹线也没有固定的形状，两者不会重合。

（2）在实际流场中，除了驻点和奇点以外，某一时刻流场中的流线既不能相交，也不能突然转折。这可以解释为如果在某一时刻的两条流线相交了，则表明交点处的流体质点有两个速度方向，这是不可能的。

（3）流线的疏密程度可以反映流体速度的大小，流线越密集的地方，流体速度越大。

4.3.3　染色线

从流场中的一个固定点向流场中连续地注入与流体密度相同的染色液，该染色液形成一条纤细的色线成为染色线。或定义为，把相继经过流场同一空间点的流体质点在某瞬时连接起来得到的一条线。染色线又称为脉线或烟线。

经过烟头或燃香冒出的烟或经过烟囱冒出的烟，都是脉线的例子。在流动显示试验中，着色液、烟线、氢气泡显示的流动图像，也都是染色线。

一般来说，在非定常流动中，染色线、迹线和流线是不重合的，而在定常流动中，三者是重合的。

4.4　流管、流束、流量、平均流速

4.4.1　流管与流束

在流场中任意取出一条不是流线的曲线，过此曲线上每一点的流线构成一个面，即**流面**。当选取的曲线是自行封闭的，过曲线每一点的流线构成一个封闭的管状流面，即**流管**，如图 4 - 8 所示。根据流线的性质，流管外的流体不能穿透流管进出流管。流体只能从流管一端流入，另一端流出。流管不能在流场内部中断，只能始于或终于流场的边界，如自由面或固定边界；或者成环形；或者伸展到无穷远处。

流管内所包含的所有流体称为**流束**。当流管的横断面积无穷小时，所包含的流束称为**元流**，最小的元流就退化为一条流线。如果封闭曲线取在管道内壁周线上，则流束就是管道内部的全部流体，这种情况称为**总流**。

流管内与流线处处垂直的截面称为**过流截面**（或过流断面），如图 4 - 9 所示。过流截面可以是平面，也可以是曲面。

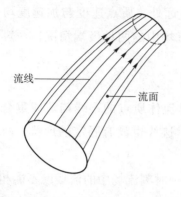

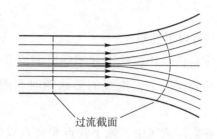

图4-8　流管与流束　　　　　　　　图4-9　过流截面

4.4.2　流量

单位时间内通过某截面的流体体积称为体积流量 q_V，单位为 m^3/s，也简单称为流量，如果流过的流体按质量计量 q_m，单位为 kg/s，则称为质量流量。

由于流体的速度方向与截面不一定垂直，计算流量时需要将面积向过流截面上投影再进行计算。如图4-10所示，取一微元面，其面积为 dA，微元面上质点速度大小为 v，速度 $\vec{v}$ 与微元面的法线方向 $\vec{n}$ 之间夹角为 θ，故 dA 上流量为

$$dq_V = v dA \cos\theta = \vec{v} \cdot \vec{n} dA \tag{4.13}$$

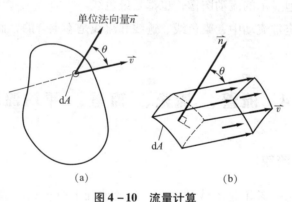

(a)　　　　　　　　　　　　　(b)

图4-10　流量计算

过截面 S 的体积流量为

$$q_V = \int_A \vec{v} \cdot \vec{n} dA = \int_A v_n dA \tag{4.14}$$

4.4.3　平均流速

一般情况下，空间中各点上流体的运动速度不尽相同，而且有时速度分布规律难以确定，即使在简单的等径管道中，由于黏性、摩擦、质点碰撞混杂等原因，速度分布规律也不容易确定。工程实际中，有时没必要弄清精确的速度分布。为简化计算，可以用平均速度代替各点的瞬时速度。若过流截面的面积为 A，流量为 q_V，则平均速度可定义为

$$\bar{v} = \frac{q_V}{A} \qquad\qquad (4.15)$$

式中，q_V 值可通过测量获得。

习　　题

4.1　随体导数的物理意义是什么？

4.2　欧拉法和拉格朗日法的联系和区别是什么？

4.3　已知某流场速度分布为 $u = yz + t$，$v = xz + t$，$w = xy$。试求：在 $t = 2$ 时空间点（1，2，3）处流体的加速度。

4.4　设某不可压缩流体做二维流动时的速度分布为 $u = \dfrac{m}{2\pi} \cdot \dfrac{x}{x^2 + y^2}$，$v = \dfrac{m}{2\pi} \cdot \dfrac{y}{x^2 + y^2}$，其中 m，k 为常数，试求加速度。

4.5　已知某不可压缩流体的流动，$u = yz + t$，$v = x^2 - 3y^2 x^2$，$w = 0$。请判别此流动为几维流动。

4.6　在一稳定、不可压缩流场中，已知流体流动速度分布为 $u = 2y$，$v = 4x$，$w = 0$。试问：（1）流体流动是几维流动？（2）求流线方程并画出若干条流线。

4.7　已知平面流动的速度分布为 $\vec{v} = (x + t)\vec{i} + (y + t)\vec{j}$，求流线方程并画出两条流线。

4.8　已知平面直角坐标系中的二维速度场 $u = kxt$，$v = kyt$。试求：（1）迹线方程；（2）流线方程；（3）$t = 0$ 时刻，通过点（1，1）的流体微团运动的加速度。

4.9　已知欧拉法表示的速度场 $\vec{v} = 2x\vec{i} - 2y\vec{j}$，求流体质点的迹线方程，并说明迹线形状。

4.10　设速度场为 $u = t + 1$，$v = 1$，$t = 0$ 时刻流体质点 A 位于原点。试求：（1）质点 A 的迹线方程；（2）$t = 0$ 时刻过原点的流线方程；（3）$t = 1$ 时刻质点 A 的运动方向。

4.11　已知图 4 - 11 所示圆锥形收缩喷管，长 l 为 30 cm，底部与顶部直径分别为 $d_0 = 9$ cm，$d_3 = 3$ cm，恒定流量 $a_V = 0.02$ m³/s。按一维流动计算图示四个等距离截面 A_0、A_1、A_2、A_3 上的加速度。

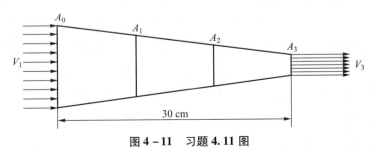

图 4 - 11　习题 4.11 图

第5章 流体动力学方程及其应用

流体动力学是研究流体在外力作用下的运动规律（包括速度、加速度、转角等随空间和时间的变化）以及引起运动的原因。更多时候，是通过分析流体动力学行为获得与流体相作用的固体的受力情况。

一般来说，研究流体运动的基本途径有两个：一是以单个流体微团为研究对象，分析流体微团的受力、变形和运动，获得微分形式的基本方程；另一种是从有限体积内的流体运动出发，建立积分形式的基本方程。

本章首先介绍了与欧拉和拉格朗日观点相对应的系统和控制体的概念，推导建立了系统的物理量导数与控制体内相应物理量导数的转化关系，即雷诺输运方程。然后应用物理学中的质量守恒定律、牛顿第二定律（及由其导出的动量定理和动量矩定理）、能量守恒和转化定律推导出积分形式的流体力学的基本方程，即连续性方程、动量方程、动量矩方程、伯努利方程等。这些方程体现了流体运动遵循的共同规律，是分析流体运动的重要依据。同时，简单介绍了微分形式的连续性方程和动量方程，并对这些流体动力学基本方程在工程中的应用做了简单介绍。

5.1 系统与控制体的概念

5.1.1 系统与控制体

系统是指根据研究需要指定的一组流体质点的集合。系统中的质点在研究过程中保持不变，所以系统具有确定的质量。系统外的一切统称为外界，与系统内部对应。在解决问题时，我们经常将研究重点放在系统内部，将系统与外界的相互作用看作是控制方程的求解条件。当系统选定以后，系统所包含的物质就一成不变了，但系统的形状和位置均可改变。例如排球内的气体就可看作是一个系统，排球受到撞击变形，球内的气体质量不变。

系统的特点是：系统的边界随流体一起运动，系统的体积、边界的形状和大小可以随时间变化；系统的边界处没有质量交换，即没有流体流进或流出系统的边界；在系统的边界上可以有能量交换，即可以有能量输入或输出系统的边界。

使用系统来研究流体运动意味着采用拉格朗日的观点。

控制体是指流场中某一个确定的空间区域，这个区域的周界称为控制面，控制面总是封闭的。控制体的形状根据流动情况和边界位置可以任意选定，例如水槽实验中，常将水槽边界及进出口作为控制面。控制体一经选定以后，控制体的形状和位置相对于所选定的坐标系统就固定了，但是控制体内的流体可能时时刻刻在改变。

控制体的特点是：控制体相对选定的参考坐标系是固定不变的；在控制面上可以有质量交换，即可以有流体流进或流出控制面；在控制面上可以有能量交换，即可以有能量输入或输出控制面。

5.1.2 雷诺输运方程

在牛顿力学中建立的动力学方程，如质点系动量定理和动量矩定理、能量守恒和转换定律都是对确定的系统而言的。正与上一章流体运动学中提到的，对大多数流体力学问题，特定系统的物理量通常难以描述或没有必要描述，我们更关心的是欧拉方法描述的某个空间上或空间区域中的流体运动状况。为了使这些以质点系为研究对象的定律和定理，推广应用到流体力学中来，首先需要建立系统的物理量与控制体中的物理量之间的关系。

如图 5 - 1 所示，选定任意控制体（用 CV 表示控制体），其边界（用 CS 表示控制面）用实线表示，形状和空间位置固定不变。在 t 时刻，选取控制体内流体为流体系统，其边界与控制体边界重合。经过 δt 时间流动后，系统的形状和位置均发生了改变，如图 5 - 1 中虚线所示。

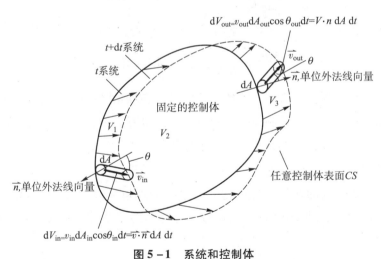

图 5 - 1 系统和控制体

设 N 为流体系统在 t 时刻所具有的某种物理量，φ 表示单位质量流体所具有的这种物理量，系统所具有的某种物理量 N 对时间的变化率可以表示为

$$\frac{\mathrm{D}N}{\mathrm{D}t} = \lim_{\delta t \to 0} \frac{N_{\mathrm{sys}}^{t+\delta t} - N_{\mathrm{sys}}^{t}}{\delta t} = \lim_{\delta t \to 0} \frac{N_{V_2 + V_3}^{t+\delta t} - N_{V_1 + V_2}^{t}}{\delta t}$$

$$\frac{\mathrm{D}N}{\mathrm{D}t} = \lim_{\delta t \to 0} \frac{N_{V_1 + V_2}^{t+\delta t} - N_{V_1 + V_2}^{t} + N_{V_3}^{t+\delta t} - N_{V_1}^{t+\delta t}}{\delta t} \tag{5.1}$$

即

$$\frac{\mathrm{D}N}{\mathrm{D}t} = \lim_{\delta t \to 0} \frac{\left(\iiint\limits_{CV} \varphi \rho \mathrm{d}V \right)_{t+\delta t} - \left(\iiint\limits_{CV} \varphi \rho \mathrm{d}V \right)_{t}}{\delta t} + \lim_{\delta t \to 0} \frac{\left(\iiint\limits_{V_3} \varphi \rho \mathrm{d}V \right)_{t+\delta t}}{\delta t} + \lim_{\delta t \to 0} \frac{- \left(\iiint\limits_{V_1} \varphi \rho \mathrm{d}V \right)_{t+\delta t}}{\delta t} \quad (5.2)$$

式（5.2）右端第一项表示控制体内物理量 N 随时间的变化率。

$$\lim_{\delta t \to 0} \frac{\left(\iiint\limits_{CV} \varphi \rho \mathrm{d}V \right)_{t+\delta t} - \left(\iiint\limits_{CV} \varphi \rho \mathrm{d}V \right)_{t}}{\delta t} = \frac{\partial}{\partial t} \iiint\limits_{CV} \varphi \rho \mathrm{d}V$$

式（5.2）右端第二项

$$\lim_{\delta t \to 0} \frac{\left(\iiint\limits_{V_3} \varphi \rho \mathrm{d}V \right)_{t+\delta t}}{\delta t} = \iint\limits_{S_2} \varphi \rho \vec{v} \cdot \vec{n} \mathrm{d}A = \iint\limits_{S_2} \varphi \rho v_n \mathrm{d}A \quad (5.3)$$

表示单位时间通过控制面 S_2 流出控制体的物理量。同理，式（5.2）右端第三项表示单位时间通过控制面 S_1 流入的流体物理量：

$$\lim_{\delta t \to 0} \frac{\left(\iiint\limits_{V_1} \varphi \rho \mathrm{d}V \right)_{t+\delta t}}{\delta t} = - \iint\limits_{S_1} \varphi \rho \vec{v} \cdot \vec{n} \mathrm{d}A = - \iint\limits_{S_1} \varphi \rho v_n \mathrm{d}A \quad (5.4)$$

于是，式（5.2）可以改写为

$$\frac{\mathrm{D}N}{\mathrm{D}t} = \frac{\partial}{\partial t} \iiint\limits_{CV} \varphi \rho \mathrm{d}V + \iint\limits_{S_1} \varphi \rho v_n \mathrm{d}A + \iint\limits_{S_2} \varphi \rho v_n \mathrm{d}A \quad (5.5)$$

式（5.5）中积分限之和 $S_1 + S_2$ 为控制面 CS，式（5.5）改写为

$$\frac{\mathrm{D}N}{\mathrm{D}t} = \frac{\partial}{\partial t} \iiint\limits_{CV} \varphi \rho \mathrm{d}V + \iint\limits_{CS} \varphi \rho v_n \mathrm{d}A \quad (5.6)$$

这就是雷诺输运方程，它表明：流体系统的某种物理量随时间的变化率等于控制体内这种物理量的时间变化率与流入控制体的净通量之和。也就是说，流体系统的某种物理量的随体导数也是由两部分组成：一部分相当于当地导数，它等于控制体内这种物理量的时间变化率，它是由流场的非定常性引起的；另一部分相当于迁移导数，它等于经过控制面这种物理量的净通量，它是由流场的非均匀性引起的。这些物理量可以是标量（如质量、能量等），也可以是矢量（如动量、动量矩等）。雷诺输运方程实现了某种物理量由系统的变化到控制体内相应变化的转换。

对于定常流动，所有物理量的时间导数等于零，即 $\frac{\partial N}{\partial t} = 0$，所以输运方程简化为

$$\frac{\mathrm{d}N}{\mathrm{d}t} = \iint\limits_{CS} \varphi \rho v_n \mathrm{d}A$$

可见，在定常流场中，流体系统某种物理量的全变化率只与流入、流出控制面的流动有关，而不必知道控制体内的流动情况。

5.2　连续性方程及其应用

在工程实际中，常常会遇到流体的速度、密度和有效截面之间的计算问题，这要用到连续性方程。连续性方程是质量守恒定律在流体力学中的一种表达形式。根据质量守恒定律，对于空间固定的封闭曲面，定常流动时流入的流体质量必然等于流出的流体质量；非定常流动时流入与流出的流体质量之差，应等于封闭曲面内流体质量的变化量。连续性方程就是反映这个原理的数学关系。

当物理量为质量时，单位质量流体的质量 $\varphi = \rho$。根据质量守恒定律，有 $\dfrac{\mathrm{d}N_{sys}}{\mathrm{d}t} = \dfrac{\mathrm{d}m_{sys}}{\mathrm{d}t} = 0$，由雷诺输运方程可得

$$\frac{\partial}{\partial t}\iiint_{CV}\rho\mathrm{d}V + \iint_{CS}\rho v_n\mathrm{d}A = 0 \tag{5.7}$$

式（5.7）是积分形式的连续性方程。它表明：控制体内流体质量的时间变化率与通过控制面的流体质量净通量之和等于零。或者说，单位时间控制体内流体质量的增加或减少等于通过控制面流入或流出的流体质量的净通量。

当流动为定常流动时，质量的时间变化率为零，所以定常流动积分形式的连续性方程为

$$\iint_{CS}\rho v_n\mathrm{d}A = 0 \tag{5.8}$$

即对于定常流动，通过控制面的流体质量的净通量等于零。

对于定常流动，流体只在有限的控制面流进或流出，如果用下标 in 和 out 分别表示流进和流出表面上的参数，则连续性方程可以表示如下

$$\iint_{CS}\rho v_n\mathrm{d}A = \iint_{CS_{out}}\rho_{out}v_{outn}\mathrm{d}A + \iint_{CS_{in}}\rho_{in}v_{inn}\mathrm{d}A = 0 \tag{5.9}$$

需要注意的是在 CS_{in} 面上的积分为负值。如果用 u_{in} 和 u_{out} 表示两个有效截面上的平均流速，ρ_{in} 和 ρ_{out} 均表示平均密度，则上式变为

$$\rho_{in}u_{in}A_{in} = \rho_{out}u_{out}A_{out} \tag{5.10}$$

或
$$\rho_{in}Q_{in} = \rho_{out}Q_{out}$$

即对于定常流动，流进控制体的质量流量等于流出的。若流体不可压缩，其密度为常数，连续性方程可以进一步化简为

$$u_{in}A_{in} = u_{out}A_{out} \tag{5.11}$$

或
$$Q_{in} = Q_{out}$$

例 5 - 1　体积 $V = 0.05\ \mathrm{m^3}$ 的压力容器内盛有绝对压强 800 kPa、温度 15 ℃的空气，空气从一截面面积 $A = 65\ \mathrm{mm^2}$ 的阀门流出。初始时空气流过阀门的速度 $v = 5.18\ \mathrm{m/s}$，密度 $\rho = 6.13\ \mathrm{kg/m^3}$。假设容器内的流体参数是均匀分布的，试确定初始时刻容器内密度瞬时变化率。

解：如图 5－2 所示，选取图中虚线所包容的体积为控制体，并以初始时刻控制体内流体作为流体系统。容器内流动是均匀的，密度 ρ 是常数，于是

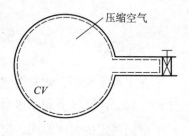

$$\frac{\partial}{\partial t}\iiint_{CV}\rho \mathrm{d}V = \frac{\partial}{\partial t}\Big(\rho\iiint_{CV}\mathrm{d}V\Big) = \frac{\partial}{\partial t}(\rho V) = V\frac{\partial \rho}{\partial t}$$

将初始时刻流体通过阀门的流速看作是匀速的，于是

$$\iint_{A}\rho v\mathrm{d}A = \rho v\iint_{A}\mathrm{d}A = \rho vA$$

图 5－2　压力容器示意图

将以上两式代入连续性方程，有

$$\frac{\partial \rho}{\partial t} = -\frac{\rho vA}{V} = -\frac{6.13 \times 5.18 \times 65 \times 10^{-6}}{0.05} = -0.0413\ \mathrm{kg/(m^3 \cdot s)}$$

例 5－2　如图 5－3 所示，大管直径 d_1，小管直径 d_2，已知大管中过流断面上的速度分布为 $u = 6.25 - r^2$（式中 r 表示点所在半径，以米计）。试求管中流量及小管中的平均速度。

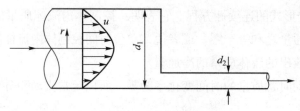

图 5－3　变径管道

解：流动可以看成是定常流动，取大管径截面、小管径截面和管道壁面构成控制体。连续性方程可以写成

$$u_{\mathrm{in}}A_{\mathrm{in}} = u_{\mathrm{out}}A_{\mathrm{out}}$$

在进口截面上，取微元面积 $2\pi r\mathrm{d}r$，求积分得

$$Q = \int_0^{d_1/2} u \times 2\pi r\mathrm{d}r = \int_0^{2.5}(6.25 - r^2)2\pi r\mathrm{d}r$$

$$= 2\pi\Big[6.25 \times \frac{r^2}{2} - \frac{r^4}{4}\Big]\Big|_0^{2.5} = 61.36(\mathrm{m^3/s})$$

$$u_{\mathrm{out}} = \frac{4Q}{\pi d_2^2} = \frac{4 \times 61.36}{\pi \times 1^2} = 78.13(\mathrm{m/s})$$

例 5－3　有一直径 $D = 1$ m，高 $h = 50$ cm 的水桶，用一直径 $d = 7.5$ mm 水管充水，如供水管的水流速度 $v = 2$ m/s，试求将水充满这个水桶需要多少时间。

解：如图 5－4 所示，假定在充水过程中任一时刻水桶内水位高度为 $y(t)$，取图 5－4 所示高度 h（充满高度）的空间为控制体，流体为非定常流动。

该体积内水质量的变化率为

$$\frac{\partial}{\partial t}\iiint_{CV}\rho \mathrm{d}\tau = \frac{\partial}{\partial t}\Big[\rho\frac{\pi D^2}{4}y(t)\Big] = \rho\frac{\pi D^2}{4} \cdot \frac{\mathrm{d}y}{\mathrm{d}t}$$

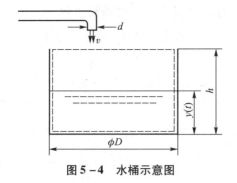

图 5 - 4　水桶示意图

认为水是不可压缩流体，$y(t)$ 仅是时间的函数。

通过该体积表面水的质量变化率为

$$\iint_A \rho(\vec{v} \cdot \vec{n}) \mathrm{d}A = \rho(-v)\frac{\pi d^2}{4}$$

根据积分形式连续性方程，有

$$\rho\frac{\pi D^2}{4} \cdot \frac{\mathrm{d}y}{\mathrm{d}t} - \rho v\frac{\pi d^2}{4} = 0$$

即

$$\frac{\mathrm{d}y}{\mathrm{d}t} = \left(\frac{d}{D}\right)^2 v$$

设水桶水位从 $y = 0$ 到 $y = h$（充满）所需时间为 T，对以上微分方程积分，即

$$\int_0^h \mathrm{d}y = \int_0^T \left(\frac{d}{D}\right)^2 v\mathrm{d}t$$

则

$$T = \frac{h}{v \cdot (d/D)^2} = \frac{0.5}{2 \times (0.007\ 5/1)^2} = 4\ 444\,(\mathrm{s})$$

5.3　动量方程及其应用

动量方程提供了流体与固体相互作用的动力学规律，是研究流体运动的最基本的理论。

5.3.1　积分形式动量方程

在牛顿力学中，动量方程反映的是系统的动量变化率与其受力之间的关系，即

$$\vec{F} = \frac{\mathrm{d}\vec{P}_{\mathrm{sys}}}{\mathrm{d}t} \tag{5.12}$$

利用雷诺输运方程建立系统的动量与控制体内流体的动量间的关系。当物理量 N 为动量时，单位质量流体的动量 $\varphi = \vec{v}$，由雷诺输运方程（5.6）得

$$\frac{\mathrm{D}N_{\mathrm{sys}}}{\mathrm{D}t} = \frac{\partial}{\partial t}\iiint_{CV} \vec{v}\rho\mathrm{d}V + \iint_{CS} \vec{v}\rho v_n\mathrm{d}A \tag{5.13}$$

联立方程（5.12）和式（5.13）可得

$$\frac{\partial}{\partial t}\iiint_{CV} \vec{v}\rho\mathrm{d}V + \iint_{CS} \vec{v}\rho v_n\mathrm{d}A = \vec{F} \tag{5.14}$$

方程 (5.14) 就是**流体力学中积分形式的动量方程**。方程左侧分别表示控制体中流体的动量变化率和流入控制体中流体的动量净流率。方程右侧表示作用在流体系统上的外力,包括质量力和表面力。

对于定常流动,控制体内流体动量随时间的变化率为零,且由于在管壁上 v_n 为零,所以控制体内的流体沿着控制面的积分只在流入截面 A_{in} 和流出截面 A_{out} 上的值不为零。若以 $\vec{F}$ 表示作用于控制体上所有外力的矢量和,则能得到定常流动的动量方程

$$\iint_{A_{out}} \vec{v}_2 \rho v_{2n} dA + \iint_{A_{in}} \vec{v}_1 \rho v_{1n} dA = \vec{F} \tag{5.15}$$

应该注意在进口截面 A_{in} 上的积分为负值,式 (5.15) 表明:在定常流中,流进控制体内流体动量的净流率等于作用在控制体上所有外力的矢量和。如果进出口截面上的平均速度为 $\vec{v}$,截面上的密度通常可视为常数,则单位时间内流过该截面的动量表示为

$$\iint_A \rho v^2 dA = \beta \rho \vec{v}^2 A$$

式中,$\beta = \dfrac{1}{A} \iint_A \left(\dfrac{v}{\vec{v}}\right)^2 dA$ 为动量修正系数,它表示用平均速度和真实速度计算动量的比值,其数值与截面上的流动状态有关。于是,定常流动量方程 (5.15) 在直角坐标系下的投影式可表示为

$$\left.\begin{array}{l} \rho q_V (\beta_{out} \bar{v}_{outx} - \beta_{in} \bar{v}_{inx}) = F_x \\ \rho q_V (\beta_{out} \bar{v}_{outy} - \beta_{in} \bar{v}_{iny}) = F_y \\ \rho q_V (\beta_{out} \bar{v}_{outz} - \beta_{in} \bar{v}_{inz}) = F_z \end{array}\right\} \tag{5.16}$$

式中,q_V 表示体积流率,如果 $\beta = 1$,则式 (5.16) 化为

$$\left.\begin{array}{l} \rho q_V (\bar{v}_{outx} - \bar{v}_{inx}) = F_x \\ \rho q_V (\bar{v}_{outy} - \bar{v}_{iny}) = F_y \\ \rho q_V (\bar{v}_{outz} - \bar{v}_{inz}) = F_z \end{array}\right\} \tag{5.17}$$

式 (5.17) 就是定常流中动量方程的简化形式。

5.3.2 控制体位置固定时动量方程的应用

例 5-4 如图 5-5 所示一水平转弯的管路,由于液流在弯道改变了流动方向,也就改变了动量,因此就会产生压力作用于管壁。在设计管道时,在管路拐弯处必须考虑这个作用力,并设法加以平衡以防管道破裂。

解:流动可以看成是定常流动。建立直角坐标系,如图 5-5 所示,选取进出口截面 1、2 和管壁面组成控制体。根据动量方程 (5.17)

$$p_1 A - p_2 A \cos\alpha - R_x = \rho q_V (v_{aoutx} - v_{ainx}) = \rho q_V (u\cos\alpha - u)$$

$$R_y - P_2 A \sin\alpha = \rho q_V (\bar{v}_{outy} - \bar{v}_{outy}) = \rho q_V u \sin\alpha$$

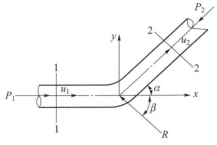

图 5-5 水平弯管示意图

即

$$R_x = (p_1 - p_2\cos\alpha)A + \rho q_V(1 - \cos\alpha)$$

$$R_y = P_2 A\sin\alpha + \rho q_V u\sin\alpha$$

因此，弯头处应该施加约束力 R 的大小和方向可以表达为

$$R = \sqrt{R_x^2 + R_y^2}$$

$$\theta = \arctan\frac{R_y}{R_x}$$

例 5-5 如图 5-6 所示，水射流直径 $d = 4$ cm，速度 $v = 20$ m/s，平板法线与射流方向的夹角 $\theta = 30°$，平板固定不动。试求射流作用在平板上的力（忽略流体的重力和黏性摩擦力）。

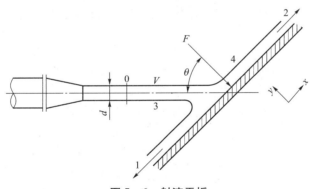

图 5-6 射流平板

解： 假定射流到平板上不飞溅，取进口截面 0，平板平面，出口 1、2 和曲面 3、4 组成控制体表面，只有进口截面 0 和出口 1，2 有流体流进或流出，流动可以看成是定常流动，建立如图 5-6 所示的坐标系。动量方程可以写为

$$F_x = \rho Q(u_{outx} - u_{inx})$$

$$F_y = \rho Q(u_{outy} - u_{iny})$$

显然，流体在 x 方向的受力 F_x 为零。出口截面的速度在 y 方向的投影 u_{outy} 也为零，因此，流体作用在平板法线方向上的力为

$$F_y = -\rho Q v_{iny} = \rho Q v\cos\theta$$

代入数值，得

$$F = 1000 \times \frac{\pi}{4} \times 0.04^2 \times 20^2 \times \frac{\sqrt{3}}{2} = 435.3 \text{ N}$$

例 5-6 如图 5-7 所示，速度均匀分布的空气流过平板后，由于黏性阻力的影响，在紧贴平板处的空气速度降为零，即所谓的无滑移条件。在远离平板的位置，空气速度逐渐增加到原来的自由来流速度，在截面 3 上空气速度分布如图 5-7 所示。假设平板的长和宽分别为 L 和 b，试计算平板对空气的阻力。

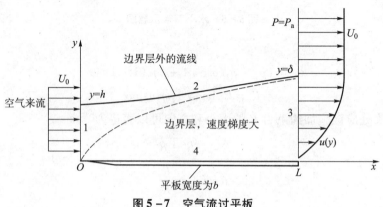

图 5-7 空气流过平板

解：取截面 1、3，平板平面和流线 2 组成控制体表面，空气只在截面 1 流进、截面 3 流出，流动可以看成是定常流动。大气压在各点处均匀，合力为零，假设空气密度为常数。

动量方程可以写为

$$F_x = -D = \iint_3 \vec{v}_3 \rho v_{3n} \mathrm{d}A + \iint_1 \vec{v}_1 \rho v_{1n} \mathrm{d}A$$

$$= \rho \int_0^\delta u(y) u(y) b \mathrm{d}y + \rho \int_0^h U_0 (-U_0) b \mathrm{d}y$$

得

$$D = \rho b \int_0^\delta u^2 \mathrm{d}y - \rho b U_0^2 h \tag{5.18}$$

式中，h，δ 的关系可以通过对控制体建立连续性方程来表达，由于流动为定常流动，连续性方程可以写为

$$\iint_{CS} \rho v_n \mathrm{d}A = \iint_3 \rho v_{3n} \mathrm{d}A + \iint_1 \rho v_{1n} \mathrm{d}A = 0$$

即

$$\rho b \rho \int_0^\delta u(y) b \mathrm{d}y + \rho \int_0^h (-U_0) b \mathrm{d}y = \rho b \int_0^\delta u(y) \mathrm{d}y - \rho b U_0 h = 0$$

$$\int_0^\delta u(y) \mathrm{d}y = U_0 h \tag{5.19}$$

联立式（5.18）、式（5.19）可得

$$D = \rho b \int_0^\delta u(U_0 - u) \mathrm{d}y$$

这个结果是由著名的流体力学家冯·卡门给出。

5.3.3　控制体匀速运动时动量方程的应用

很多场合中，控制体的空间位置会随时间不断变化。当控制体做匀速运动时，动量方程中的速度需要使用相对速度，此时把坐标系建立在控制体上，流动可以看成是定常流动。动量方程（5.14）可以写成

$$\iint\limits_{CS} \vec{v}_r \rho v_{rn} \mathrm{d}A = \vec{F} \tag{5.20}$$

例 5-7　水射流直径 $d = 4$ cm，速度 $v = 20$ m/s，平板法线与射流方向的夹角 $\theta = 30°$，平板沿其水平方向运动速度 $u = 8$ m/s。试求射流作用在平板上的力（忽略流体的重力和黏性摩擦力）。

解：假定射流到平板上不飞溅，取进口截面 0，平板平面，出口 1、2 和曲面 3、4 组成控制体表面，只有进口截面 0 和出口 1，2 有流体流进或流出，流动可以看成是定常流动。建立如图 5-8 所示的坐标系。

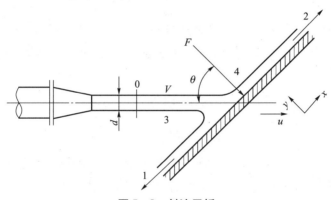

图 5-8　射流平板

根据速度合成定律，进口截面上 $v_{0x} = v\sin\theta - u\sin\theta$，$v_{0y} = v\cos\theta - u\cos\theta$，出口截面上的速度大小都可以看成是 $v_0 = v_1 = v_2$（利用第 5 节的理论可以证明），但出口截面上流体速度在 y 方向的投影 $v_{1y} = v_{2y} = 0$。

显然，由于忽略了重力和黏性力，流体在 x 方向的受力 F_x 为零。

y 方向动量方程可写为

$$F_y = \rho Q (v_{\text{out}y} - v_{\text{in}y})$$

$$= \rho(v\cos\theta - u\cos\theta)\frac{\pi}{4}d^2 \big[0 - (v\cos\theta - u\cos\theta) \big] = -\rho(v\cos\theta - u\cos\theta)^2 \frac{\pi}{4}d^2$$

代入数值，可得平板的受力

$$F = 1\,000 \times \frac{\pi}{4} \times 0.04^2 \times (20 \times 0.866 - 8 \times 0.866)^2 = 135.7\,(\text{N})$$

当控制体的运动不再是匀速直线运动时，建立在控制体上的坐标系也将不再是惯性系，动量方程中需要考虑由于坐标系的非惯性运动引起的加速度，如科里奥利加速度等。相关内容读者可以参考有关书籍。

5.4 动量矩方程及其应用

对旋转问题，如水泵、搅拌器等旋转机械，动量方程难以获得有效信息。牛顿力学中动量矩方程正是处理这类问题的。对系统的动量矩方程为

$$\vec{M}_{sys} = \frac{d\vec{L}_{sys}}{dt} \tag{5.21}$$

式中，$\vec{M}_{sys}$ 和 $\vec{L}_{sys}$ 分别为系统受到的外力和系统的动量对固定点的矩。如果物理量为动量矩，则单位质量的动量矩 $\varphi = \vec{r} \times \vec{v}$，根据雷诺输运方程，系统的动量矩可以用控制体内物理量表示为

$$\frac{D\vec{L}_{sys}}{Dt} = \frac{\partial}{\partial t}\iiint\limits_{CV} \vec{r} \times \vec{v}\rho dV + \iint\limits_{CS} \vec{r} \times \vec{v}\rho v_n dA \tag{5.22}$$

联立式（5.21）和式（5.22），可得到

$$\frac{\partial}{\partial t}\iiint\limits_{CV} \vec{r} \times \vec{v}\rho dV + \iint\limits_{CS} \vec{r} \times \vec{v}\rho v_n dA = \vec{M} \tag{5.23}$$

这就是惯性坐标系中积分形式的**动量矩方程**。式（5.23）表明：控制体内流体动量矩的时间变化率与经过控制面的动量矩净通量的矢量和等于作用在控制体内流体上的所有外力矩的矢量和。

对于定常流动，控制体内流体的动量矩不随时间变化，于是有

$$\iint\limits_{CS} \vec{r} \times \vec{v}\rho v_n dA = \vec{M} \tag{5.24}$$

式（5.24）表明：在定常流动条件下，经过控制面流体动量矩的净通量矢量等于作用在控制体内流体上所有外力矩的矢量和，与控制体内流动状态无关。

现以定转速的离心式水泵或风机为例来推导叶轮机中的动量矩方程。如图 5-9 所示，取叶轮出、入口的圆柱面与叶轮侧壁之间的整个叶轮流动区域为控制体。

假定叶轮叶片数目无限多，每个叶片的厚度均为无限薄，流动可以看成是定常流动。流体在叶片间的相对速度必沿叶片型线的切线方向。近似认为进、出口处的流速分布均匀，进出口处流体质点的速度合成如图 5-9 所示，$\vec{w}$，$\vec{u}$，$\vec{v}$ 分别为进出口截面上的相对速度、牵连速度和绝对速度。在进出口截面上，流体动量矩 $\vec{r} \times \vec{v}$ 只在旋转轴上有投影，即 $|\vec{r} \times \vec{v}| = rv\sin\theta = rv\cos\alpha$，$v\cos\alpha = V_\theta$ 就是绝对速度在周向上的投影。

由于叶轮对称，作用在控制体内流体上的重力对旋转轴的力矩之和为零；忽略流体黏性，经水泵壳体表面作用在流体上的表面力均沿径向，

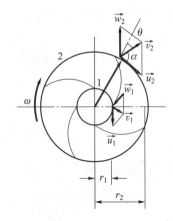

图 5-9　离心泵进出口流体质点速度分析
（$\vec{v}$ 为绝对速度，$\vec{u}$ 为牵连速度，$\vec{w}$ 为相对速度）

对旋转轴的力矩均为零；只有叶轮壁面作用在流体上的表面力对旋转轴有力矩。因此，动量矩方程（5.24）可以简化为

$$M_z = \rho q_V (r_2 V_{2\theta} - r_1 V_{1\theta}) \tag{5.25}$$

方程（5.25）就是积分形式的 **动量矩方程**。流体受到的动量矩只与水泵进出口的流动参数有关。该力矩作用于流体的功率为

$$P = M_z \omega = \rho q_V (u_2 V_{2\theta} - u_1 V_{1\theta}) \tag{5.26}$$

因此，单位重量流体获得的能量为

$$H = \frac{P}{\rho g q_V} = \frac{1}{g}(u_2 V_{2\theta} - u_1 V_{1\theta}) \tag{5.27}$$

这就是叶轮机械基本方程式，是欧拉按不可压缩流体导出的。流体经过叶轮获得的能量 H 是表征叶轮机械工作性能的特征量；式（5.27）给出的是理论值，实际应用时要进行损失修正。

例 5-8　如图 5-10 所示，流量为 1 000 ml/s 的水进入草坪上的旋转洒水喷头，每个洒水喷嘴面积是 30 mm²，转动轴到喷嘴中心线的半径是 200 mm。试确定：（1）如果喷嘴静止，其受到的阻力矩；（2）洒水喷头以 300 r/min 旋转时的阻力矩；（3）洒水喷头不受阻力矩时的转速。

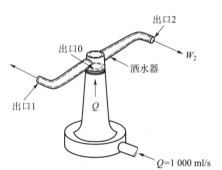

图 5-10　洒水器结构及速度分布示意图

解：选择进口 0 和出口 1、2 截面构成控制体表面。流动可以看成是定常的，连续性方程可以写为

$$u_{\text{in}} A_{\text{in}} = u_{\text{out}} A_{\text{out}} = Q$$

代入数值可得出口处的速度

$$W_2 = \frac{Q}{2S} = \frac{1\ 000 \times 10^{-6}}{2 \times 50 \times 10^{-6}} = 10\,(\text{m/s})$$

控制体进出口处速度分析如图 5-11 所示。

（1）求喷嘴静止时受到阻力矩，此时，$V_{1\theta} = 0$，$V_{2\theta} = W_2$，根据动量矩方程

$$M_z = \rho q_V (r_2 V_{2\theta} - r_1 V_{1\theta}) = \rho Q r_2 W_2$$

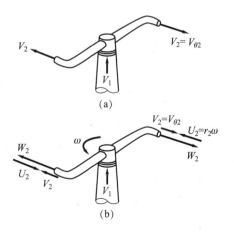

图 5-11　控制体进出口处速度分析

代入数值，计算阻力矩可得

$$T = -M_z = -\rho Qr_2 W_2 = -1\,000 \times 500 \times 10^{-6} \times 0.2 \times 10 = -1.0(\text{N} \cdot \text{m})$$

（2）求洒水喷头以 300 r/min 旋转时的阻力矩，此时，出口处流体速度分析如图 5 – 11（b）所示，以洒水器为动量系统，出口处流体的相对速度仍然为 W_2，牵连速度 $U_2 = r\omega$，$V_{2\theta} = U_2 - W_2 = r\omega - W_2$，进口处 $V_{1\theta} = 0$，因此根据动量矩方程

$$M_z = \rho q_V (r_2 V_{2\theta} - r_1 V_{1\theta}) = \rho Qr_2 (r\omega - W_2)$$

代入数值，计算阻力矩可得

$$T = -M_z = -\rho Qr_2 (r_2\omega - W_2)$$

$$= -1\,000 \times 1\,000 \times 10^{-6} \times 0.2 \times \left(0.2 \times \frac{500 \times 2 \times 3.1416}{60} - 10.0 \right) = -0.1(\text{N} \cdot \text{m})$$

（3）求洒水喷头不受阻力矩时的转速，此时，出口处流体速度分析同第 2 问，出口处流体的相对速度仍然为 W_2，牵连速度 $U_2 = r\omega$，$V_{2\theta} = U_2 - W_2 = r\omega - W_2$，进口处 $V_{1\theta} = 0$，依题意

$$M_z = \rho q_V (r_2 V_{2\theta} - r_1 V_{1\theta}) = \rho Qr_2 (r\omega - W_2) = 0$$

因此，

$$\omega = \frac{W_2}{r} = \frac{10.0}{0.2} = 50.0 \ (\text{rad/s}) \ = 477.5 \ (\text{r/min})$$

5.5 能量方程及其应用

5.5.1 基于热力学第一定律的能量方程

能量守恒定律也是流体运动应遵循的一个普遍定律。在涉及流体热量传递、做功等问题时，需研究流体的能量关系。根据热力学第一定律，系统能量的增量等于外界对流体系统所做的功和外界对系统传递热量之和。注意这里都以系统为目标物。单位时间系统的能量变化可表示为

$$\frac{\mathrm{d}E}{\mathrm{d}t} = \dot{Q} + \dot{W} \tag{5.28}$$

式中，系统能量 $E = \iiint_{CV} \rho e \mathrm{d}V$；$e = u_e + v^2/2 + gz$ 为单位质量流体所具有的能量，包括内能 u_e，动能 $v^2/2$ 和重力能 gz；$\dot{Q}$ 为外界传给系统的热流率，以外界传给系统热量为正，$\dot{W}$ 为外界对系统做功功率，外界对系统做功为正。

根据雷诺输运公式，系统能量随时间的变化率还可以改写为控制内流体的能量变化率与流出控制体的能量净流率之和

$$\frac{\mathrm{D}E_{\text{sys}}}{\mathrm{D}t} = \frac{\partial}{\partial t} \iiint_{CV} \rho e \mathrm{d}V + \iint_{CS} \rho e v_n \mathrm{d}A \tag{5.29}$$

联立式（5.28）和式（5.29）可写为

$$\frac{\partial}{\partial t}\iiint_{CV}\rho e dV + \iint_{CS}\rho e v_n \mathrm{d}A = \dot{Q} + \dot{W} \tag{5.30}$$

式（5.30）是积分形式的**流体能量方程**。它表明：控制体内流体能量的时间变化率与经过控制面的能量净通量之和等于作用在控制体内流体上的力所做的功率以及与外界对系统的传热速率之和。

通常，外界对系统的做功功率 $\dot{W}$ 可分为三个部分，即

$$\dot{W} = \dot{W}_s + \dot{W}_\mu + \dot{W}_p \tag{5.31}$$

$\dot{W}_s$ 是轴功率，即机械设备（如水泵）对流体系统做功的功率（正）或机械设备（如泵）对流体做功的功率（负）。

$\dot{W}_\mu$ 是外界克服控制面上流体黏性力（如剪切力）做功的功率，称为黏性功功率。如流体在平板上流动并使平板移动时做的功，就属于黏性功。对于理想流体，即黏度 $\mu = 0$ 的流体，$\dot{W}_\mu = 0$。

$\dot{W}_p$ 是外界克服控制面上的压力 p 做功的功率。在有流体输出的控制面上，流动功功率 $p(\vec{v}\cdot\vec{n})\mathrm{d}A > 0$，表示系统流体推动外界流体流动，系统对外做功；在有流体输入的控制面上，流动功功率 $P(\vec{v}\cdot\vec{n})\mathrm{d}A < 0$，表示外界流体推动系统流体流动，系统获得流动功。对整个控制面 CS 积分，则得到外界克服压强对流体做功功率，即

$$\dot{W}_p = \iint_{CS} -P(\vec{v}\cdot\vec{n})\mathrm{d}A$$

流体能量方程（5.30）可改写为

$$\dot{Q} + \dot{W}_s = \iint_{CS}\left(e + \frac{p}{\rho}\right)\rho(v\cdot n)\mathrm{d}A + \frac{\partial}{\partial t}\iiint_{CV}e\rho dV - \dot{W}_\mu \tag{5.32}$$

将 $e = u_e + v^2/2 + gz$ 代入式（5.32）。能量方程可进一步表达为

$$\dot{Q} + \dot{W}_s = \iint_{CS}\left(u_e + \frac{v^2}{2} + gz + \frac{p}{\rho}\right)\rho(v\cdot n)\mathrm{d}A + \frac{\partial}{\partial t}\iiint_{CV}\left(u_e + \frac{v^2}{2} + gz\right)\rho dV - \dot{W}_\mu \tag{5.33}$$

5.5.2 伯努利方程

如满足以下条件：

（1）无热量传递给系统，即 $\dot{Q} = 0$；

（2）外界对系统无轴功输入，即 $\dot{W}_s = 0$；

（3）流动为定常流动，$\partial E_{CV}/\partial t = 0$；

（4）流体不可压缩，即 $\rho = \mathrm{const}$；

（5）流体为理想流体，即 $\dot{W}_\mu = 0$。能量方程（5.33）简化为

$$\iint_{CS} \left(u_e + \frac{v^2}{2} + gz + \frac{P}{\rho} \right) \rho (\vec{v} \cdot \vec{n}) \mathrm{d}A = 0 \tag{5.34}$$

对一维流动，若流动在进出口截面 A_1 和 A_2 处于均匀流段，截面上各点速度 v、动能 $v^2/2$、总位能 $gz + p/\rho$ 相等，不考虑进出口的温度变化。方程（5.34）进一步简化为

$$\left(\frac{P_1}{\rho} + \frac{v_1^2}{2} + gz_1 \right) \rho v_1 A_1 = \left(\frac{P_2}{\rho} + \frac{v_2^2}{2} + gz_2 \right) \rho v_2 A_2 \tag{5.35}$$

对于定常流动，$\rho v_1 A_1 = \rho v_2 A_2$，有

$$\frac{v_1^2}{2} + gz_1 + \frac{P_1}{\rho} = \frac{v_2^2}{2} + gz_2 + \frac{P_2}{\rho} \tag{5.36}$$

或

$$\frac{v_1^2}{2g} + z_1 + \frac{P_1}{\rho g} = \frac{v_2^2}{2g} + z_2 + \frac{P_2}{\rho g} \tag{5.37}$$

或

$$\frac{\rho v_1^2}{2} + \rho g z_1 + P_1 = \frac{\rho v_2^2}{2} + \rho g z_2 + P_2 \tag{5.38}$$

式（5.36）、式（5.37）和式（5.38）就是著名的**伯努利方程**。

上述方程中 $\frac{v^2}{2}$、$\frac{v^2}{2g}$ 和 $\frac{\rho v^2}{2}$ 分别表示单位质量、单位重量和单位体积流体的动能；gz、z 和 ρgz 分别表示单位质量、单位重量和单位体积流体的位置势能；$\frac{P}{\rho}$、$\frac{P}{\rho g}$ 和 P 分别表示单位质量、单位重量和单位体积流体的压力能。伯努利方程表明流线上任意两点上流体的动能、位能与压力能之和相等，即**机械能守恒**。该方程表明，理想不可压缩流体在定常流动过程中，其动能、位能、压力能三者可相互转换，但总机械能守恒。

伯努利方程各项用长度单位表达时，可以理解为水头，所以其**几何意义**是：沿同一流线的单位重量流体的位置水头、压强水头、速度水头之和保持不变，即总水头线是平行于基准面的水平线。

5.5.3 实际流体总流上的伯努利方程

在工程实际中要求我们解决的往往是总流流动问题。如流体在管道、渠道中的流动问题，因此还需要通过在过流断面上积分，把流线上的伯努利方程推广到总流上去。在总流的有效断面上，物理的运动参数如压力、速度可能不同。

当流场中流线之间夹角很小，彼此近似平行并且曲率半径充分大，流线近似于直线，由速度方向改变的惯性力可以忽略，这样的流动称之为**缓变流**，否则称为**急变流**。缓变流中各有效截面上的位置势能和压强势能之和保持不变，即 $z + \frac{P}{\rho g} = C$。

通过积分可以获得单位时间内通过总流有效截面的流体总动能 $\rho \int_A \frac{u^3}{2} \mathrm{d}A$。由于有效截面上的速度分布一般难以确定，工程上常用有效截面平均速度来表示实际总动能，即 $\rho \frac{\alpha V^3}{2} A$，

其中 α 为动能修正系数，$\alpha = \dfrac{\rho\int_A \dfrac{u^3}{2}\mathrm{d}A}{\rho\dfrac{V^2}{2}Q} = \dfrac{\int_A \left(\dfrac{u}{V}\right)^3 \mathrm{d}A}{A}$。

动能修正系数与流动状态有关，层流时，动能修正系数 $\alpha = 2$；湍流时，动能修正系数 $\alpha = 1.05 \sim 1.10$（有关层流和湍流的概念将在第 7 章中介绍）。工程中的流动多为湍流，动能修正系数常取 $\alpha = 1.0$。

因此理想流体总流的伯努利方程可以写为

$$z_1 + \frac{P_1}{\rho g} + \frac{\alpha_1 V^2}{2g} = z_2 + \frac{P_2}{\rho g} + \frac{\alpha_2 V^2}{2g} \tag{5.39}$$

实际流体有黏性，由于流层间内摩擦阻力做功会消耗部分机械能转化为热能，因此实际流体总流的伯努利方程为

$$z_1 + \frac{P_1}{\rho g} + \frac{\alpha_1 V_1^2}{2g} = z_2 + \frac{P_2}{\rho g} + \frac{\alpha_2 V_2^2}{2g} + h_{12} \tag{5.40}$$

式中，h_{12} 为单位重量流体在截面 1、2 间的能量损失。

实际流体总流伯努利方程在推导过程中有一些限制条件，不是对任何流动问题都适用，要注意它的适用条件：

（1）流场中流体流动必须是定常的；

（2）流体为不可压缩流体或可近似认为是不可压缩流体；

（3）流体受到的质量力只有重力；

（4）计算时选取的有效截面必须在缓变流处；

（5）有效截面之间必须有共同流线。

解决问题时通常还要联立连续性方程，选取的两个有效截面上的平均流速可以用连续性方程建立关系。由于伯努利方程是个标量方程，而方程中却有两个截面的六个信息，因此，选取截面建立伯努利方程关系时，应尽可能选在物理信息已知得多的截面上。

5.5.4　伯努利方程的应用

例 5 – 9　消防水带中喷嘴和泵的相对位置如图 5 – 12 所示，泵出口压强（A 点压力）为 2 个大气压（表压），泵排出管断面直径为 50 mm；喷嘴出口 C 的直径 20 mm；水带的水头损失设为 0.5 m；喷嘴水头损失为 0.1 m。试求喷嘴出口流速、泵的排量及 B 点的压强。

解： 建立 A、C 两断面间的伯努利方程：

$$z_A + \frac{P_A}{\rho g} + \frac{v_A^2}{2g} = z_C + \frac{P_C}{\rho g} + \frac{v_C^2}{2g} + h_{AC}$$

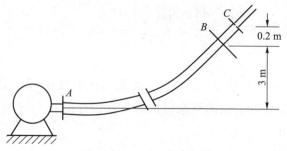

图 5 - 12   消防水龙头

通过 A 点的水平面为基准面，则 $z_A = 0$，$P_A = 2 \text{ atm}$① $= 2.02 \times 10^5$，$P_C = 0$，$z_C = 3.2$；水的重度 $\gamma = \rho g = 9\ 800 \text{ N/m}^3$；$h_{AC} = 0.5 + 0.1 = 0.6$（m）水柱，又根据连续性方程有

$$v_A = v_C \frac{A_C}{A_A} = v_C \left(\frac{A_C}{A_A}\right)^2 = v_C \left(\frac{20}{50}\right)^2 = 0.16 v_C$$

将各量代入伯努利方程后，得

$$0 + \frac{2 \times 9.8 \times 10^4}{9\ 800} + \frac{(0.16 v_C)^2}{2 \times 9.8} = 3.2 + 0 + \frac{v_C^2}{2 \times 9.8} + 0.6$$

解得喷嘴出口流速为 $v_C = 18.06 \text{ m/s}$

而泵的排量为

$$Q = v_C A_C = 18.06 \times \pi \times (0.02)^2 / 4 = 0.005\ 68 (\text{m}^3/\text{s})$$

为计算 B 点压力，取 B、C 两断面计算，即

$$z_B + \frac{P_B}{\rho g} + \frac{v_B^2}{2g} = z_C + \frac{P_C}{\rho g} + \frac{v_C^2}{2g} + h_{BC}$$

通过 B 点作水平面基准面，则

$$z_B = 0 \quad z_C = 0.2 \text{ m} \quad h_{BC} = 0.1 \text{ m}$$

$$v_B = v_A = 0.16 v_C = 0.16 \times 18.06 = 2.89 (\text{m/s})$$

代入方程得

$$0 + \frac{P_B}{9\ 800} + \frac{(2.89)^2}{2 \times 9.8} = 0.2 + 0 + \frac{(18.06)^2}{2 \times 9.8} + 0.1$$

解得压强

$$P_B = 1.65 \text{ atm}$$

例 5 - 10　如图 5 - 13 所示，容器在液面下深 h 处有一比液面面积小得多的出流孔，其面积为 A。试确定容器静止在地面上时，地面对容器的摩擦力的大小，忽略流体黏性。

解：由于容器截面积远大于出流孔面积，可以将出流过程近似当作稳定流看待。建立图示虚线上两点：容器表面 1 和出口 2 点间的伯努利方程关系

$$z_1 + \frac{P_1}{\rho g} + \frac{v_1^2}{2g} = z_2 + \frac{P_2}{\rho g} + \frac{v_2^2}{2g}$$

---

① 压强单位，标准大气压，1 atm = 0.101 325 MPa。

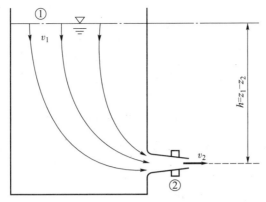

图 5 - 13　射流的背压

通过出流孔的水平面为基准面，则 $z_2 = 0$，$p_2 = 0$，$p_1 = 0$，$z_1 = h$，$v_1 = 0$；

则出流速度为 $v_2 = \sqrt{2gh}$。

取容器壳体表面及出口构成控制体，水平方向的动量方程可以写为

$$F_x = \rho q_V (\bar{v}_{\text{out}x} - \bar{v}_{\text{in}x}) = \rho A v_2 (v_2 - 0) = \rho A v_2^2 = 2\rho g h A$$

容器在流体对其作用力和桌面摩擦力的作用下平衡，故桌面对容器的摩擦力大小为 $2\rho g h A$。

例 5 - 11　水虹吸现象如图 5 - 14 所示。忽略能量损失，求虹吸管出口处的流速；如果虹吸管的直径为 1 cm，$z_1 = 60$ cm，$z_2 = -25$ cm，$z_3 = 90$ cm，$z_4 = 35$ cm，试估计流量。

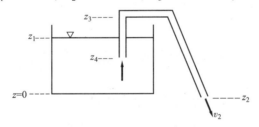

图 5 - 14　虹吸现象

解：由于容器自由表面 1 与虹吸管出口 2 间的伯努利方程关系

$$z_1 + \frac{P_1}{\rho g} + \frac{v_1^2}{2g} = z_2 + \frac{P_2}{\rho g} + \frac{v_2^2}{2g}$$

选容器自由表面为基准面，则 $p_2 = 0$，$p_1 = 0$，$v_1 = 0$；

则出流速度为 $v_2 = \sqrt{2g(z_1 - z_2)}$；

虹吸管的出流流量 $Q = A v_2 = \frac{\pi d^2}{4} v_2 = \frac{\pi d^2}{4} \sqrt{2g\ (z_1 - z_2)}$；

代入数值的 $Q = \frac{\pi d^2}{4} \sqrt{2g(z_1 - z_2)} = \frac{3.141\ 6 \times 0.01^2}{4} \sqrt{2 \times 9.8 \times (0.6 + 0.25)} = 3.2 \times 10^{-4} (\text{m}^3/\text{s})$。

例 5 - 12　管道的收缩会导致流体速度上升而压力下降的，而压差可以用来衡量通过管道的流量。如图 5 - 15 所示的光滑收缩扩张管道，即所谓的文丘里管可以用来测量管道系统的流量，试推导管道质量流量与压差的关系。

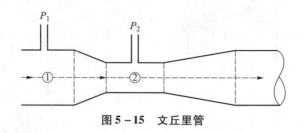

图 5-15   文丘里管

解：建立截面 1 与 2 间的伯努利方程关系

$$z_1 + \frac{P_1}{\rho g} + \frac{v_1^2}{2g} = z_2 + \frac{P_2}{\rho g} + \frac{v_2^2}{2g}$$

显然 $z_1 = z_2$，

因此，
$$\frac{v_2^2}{2g} - \frac{v_1^2}{2g} = \frac{P_1}{\rho g} - \frac{P_2}{\rho g} = \frac{\Delta p}{\rho g} \qquad (5.41)$$

流动可以看成是定常的，根据连续性方程有

$$v_1 = v_2 \frac{A_2}{A_1} \qquad (5.42)$$

联立式（5.41）、式（5.42），可得

$$v_2 = \sqrt{\frac{2\Delta p}{\rho}}$$

质量流率为 $Q_m = \rho A_2 v_2 = A_2 \sqrt{2\rho\Delta p}$。

5.6   微分形式连续性方程

积分形式的动力学关系式是从宏观上描述总质量、总动量、总能量等的变化关系。为了获得流体质点尺度上的运动特征，必须建立微观尺度的微分形式的动力学方程。

在流场中选取边长分别为 $\mathrm{d}x$、$\mathrm{d}y$、$\mathrm{d}z$ 的微元正六面体，沿着交于一点的三条棱的方向建立坐标系，如图 5-16 所示。因为所选六面体足够小，所以流体密度可以看作是常数。设六面体各面上的速度沿坐标轴方向的分量分别为 u_x，u_y，u_z，分析流入与流出微元六面体的质量。

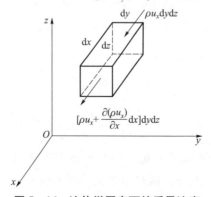

图 5-16   流体微团表面的质量流率

以 x 方向为例，流入微元六面体的质量流率为 $\rho u_x \mathrm{d}y\mathrm{d}z$，流出微元六面体的质量流率为 $\left[\rho u_x + \dfrac{\partial(\rho u_x)}{\partial x}\mathrm{d}x\right]\mathrm{d}y\mathrm{d}z$。于是，沿 x 方向净流出微元六面体的质量流率为

$$\left[\rho u_x + \frac{\partial(\rho u_x)}{\partial x}\mathrm{d}x\right]\mathrm{d}y\mathrm{d}z - \rho u_x \mathrm{d}y\mathrm{d}z = \frac{\partial(\rho u_x)}{\partial x}\mathrm{d}x\mathrm{d}y\mathrm{d}z$$

同理，沿 y、z 方向净流出微元六面体的质量流率为

$$\frac{\partial(\rho v)}{\partial y}\mathrm{d}x\mathrm{d}y\mathrm{d}z$$

$$\frac{\partial(\rho w)}{\partial z}\mathrm{d}x\mathrm{d}y\mathrm{d}z$$

微元六面体在单位时间内沿各表面流入的流体质量净流率为

$$\left[\frac{\partial(\rho u_x)}{\partial x} + \frac{\partial(\rho u_y)}{\partial y} + \frac{\partial(\rho u_z)}{\partial z}\right]\mathrm{d}x\mathrm{d}y\mathrm{d}z \tag{5.43}$$

微元六面体内流体初始时的质量为 $\rho\mathrm{d}x\mathrm{d}y\mathrm{d}z$，微元体内流体的质量变化率为

$$\frac{\partial}{\partial t}\rho\mathrm{d}x\mathrm{d}y\mathrm{d}z \tag{5.44}$$

根据雷诺输运公式（5.7），式（5.43）、式（5.44）之和为零，即

$$\frac{\partial}{\partial t}(\rho\mathrm{d}x\mathrm{d}y\mathrm{d}z) + \left[\frac{\partial(\rho u_x)}{\partial x} + \frac{\partial(\rho u_y)}{\partial y} + \frac{\partial(\rho u_z)}{\partial z}\right]\mathrm{d}x\mathrm{d}y\mathrm{d}z = 0 \tag{5.45}$$

微元体体积不变，式（5.45）可以化简得

$$\frac{\partial\rho}{\partial t} + \frac{\partial(\rho u_x)}{\partial x} + \frac{\partial(\rho u_y)}{\partial y} + \frac{\partial(\rho u_z)}{\partial z} = 0 \tag{5.46}$$

用矢量表示为

$$\frac{\partial\rho}{\partial t} + \nabla \cdot (\rho\vec{v}) = 0$$

这就是流体运动的连续性微分方程式。其物理意义是：在单位时间内，流体对于固定的封闭空间的净通量与该空间的质量增量的代数和为零。

若流动为定常，有 $\dfrac{\partial\rho}{\partial t} = 0$，连续性方程变为

$$\frac{\partial(\rho u_x)}{\partial x} + \frac{\partial(\rho u_y)}{\partial y} + \frac{\partial(\rho u_z)}{\partial z} = 0 \tag{5.47}$$

此式为流体定常流动的连续性方程，这里没有强调流体是否可压缩。它表明流体在单位时间内流入与流出固定空间的质量相等，或者说该空间内流体质量不变。

若流体不可压缩，$\rho =$ 常数，连续性方程变为

$$\frac{\partial u_x}{\partial x} + \frac{\partial u_y}{\partial y} + \frac{\partial u_z}{\partial z} = \nabla \cdot \vec{v} = 0 \tag{5.48}$$

式（5.48）为不可压缩流体流动的微分连续性方程，它表明流体的体积相对变化速率为零。

例 5 – 13 已知不可压缩流体运动速度在 x，y 两个坐标轴方向的分量分别为 $u = 2x^2 + y$ 和 $v = 2y^2 + z$，且在 $z = 0$ 处有 $w = 0$。试求 z 轴方向的速度分量 w。

解： 不可压缩流体满足连续性方程 $\dfrac{\partial u}{\partial x} + \dfrac{\partial v}{\partial y} + \dfrac{\partial w}{\partial z} = 0$

将 u，v 表达式代入上式，得

$$\frac{\partial(2x^2 + y)}{\partial x} + \frac{\partial(2y^2 + z)}{\partial y} + \frac{\partial u_z}{\partial z} = 0$$

即

$$\frac{\partial w}{\partial z} = -4x - 4y$$

积分得

$$w = -4xz - 4yz + f(x, y)$$

代入条件 $z = 0$，$w = 0$，得 $f(x, y) = 0$

所以

$$w = -4xz - 4yz$$

5.7 微分形式动量方程

流体受到的力可以分为质量力和表面力。前面在讲理想流体运动时，表面力只有正压力，而对于黏性流体，表面力还应包含切应力。黏性流体的运动必然涉及质量力、静压力。取流场中微元正六面体（图 5 – 17）为研究对象，根据牛顿第二定律，在惯性坐标系中，微元六面体的质量和加速度的乘积等于该微元体所受外力的合力。

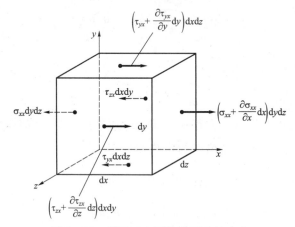

图 5 – 17　微元正六面体表面上的应力

根据牛顿第二定律，x 方向的运动方程可以表达为

$$\rho f_x \mathrm{d}x\mathrm{d}y\mathrm{d}z - \sigma_{xx}\mathrm{d}y\mathrm{d}z + \left(\sigma_{xx} + \frac{\partial \sigma_{xx}}{\partial x}\mathrm{d}x\right)\mathrm{d}y\mathrm{d}z$$

$$- \tau_{yx}\mathrm{d}z\mathrm{d}x + \left(\tau_{yx} + \frac{\partial \tau_{yx}}{\partial y}\mathrm{d}y\right)\mathrm{d}z\mathrm{d}x \qquad (5.49)$$

$$- \tau_{zx}\mathrm{d}x\mathrm{d}y + \left(\tau_{zx} + \frac{\partial \tau_{zx}}{\partial z}\mathrm{d}z\right)\mathrm{d}x\mathrm{d}y = \rho\mathrm{d}x\mathrm{d}y\mathrm{d}z\frac{\mathrm{D}u}{\mathrm{D}t}$$

式中, f_x 为单位质量流体受到的质量力, 化简后得到

$$\frac{\mathrm{D}u}{\mathrm{D}t} = f_x + \frac{1}{\rho}\left(\frac{\partial \sigma_{xx}}{\partial x} + \frac{\partial \tau_{yx}}{\partial y} + \frac{\partial \tau_{zx}}{\partial z}\right) \tag{5.50}$$

同理有 y, z 方向的运动方程,

$$\frac{\mathrm{D}v}{\mathrm{D}t} = f_y + \frac{1}{\rho}\left(\frac{\partial \tau_{zy}}{\partial z} + \frac{\partial \sigma_{yy}}{\partial y} + \frac{\partial \tau_{xy}}{\partial x}\right)$$

$$\frac{\mathrm{D}w}{\mathrm{D}t} = f_z + \frac{1}{\rho}\left(\frac{\partial \tau_{xz}}{\partial x} + \frac{\partial \tau_{yz}}{\partial y} + \frac{\partial \sigma_{zz}}{\partial z}\right) \tag{5.51}$$

式 (5.50) 和式 (5.51) 一起就是**流体运动微分方程组**, 此运动方程组中包含密度、九个应力分量和三个速度分量, 一共十个未知数。而流体运动微分方程和连续性方程一共只有 4 个, 因此, 方程组没有定解。

斯托克斯根据假设: 流体的应力与应变速率是线性的; 应力与应变速率的关系在流体中各向同性; 静止流体中, 没有切应力, 正应力就是静压强, 给出了牛顿流体的应力与应变速率间的关系, 即**广义牛顿内摩擦定律**。

$$\tau_{xy} = \mu\left(\frac{\partial v}{\partial x} + \frac{\partial u}{\partial y}\right) = 2\mu e_z$$

$$\tau_{yz} = \mu\left(\frac{\partial w}{\partial y} + \frac{\partial v}{\partial z}\right) = 2\mu e_x$$

$$\tau_{xz} = \mu\left(\frac{\partial u}{\partial z} + \frac{\partial w}{\partial x}\right) = 2\mu e_y$$

$$p_{xx} = -p + 2\mu\frac{\partial u}{\partial x} - \frac{2}{3}\mu(\nabla \cdot \overset{\mathrm{v}}{\mathrm{v}})$$

$$p_{yy} = -p + 2\mu\frac{\partial v}{\partial y} - \frac{2}{3}\mu(\nabla \cdot \overset{\mathrm{v}}{\mathrm{v}})$$

$$p_{zz} = -p + 2\mu\frac{\partial w}{\partial z} - \frac{2}{3}\mu(\nabla \cdot \overset{\mathrm{v}}{\mathrm{v}}) \tag{5.52}$$

将广义牛顿内摩擦定律 (5.52) 代入运动方程 (5.50) 和式 (5.51), 得到

$$\begin{cases} \dfrac{\mathrm{D}u}{\mathrm{D}t} = \dfrac{\partial u}{\partial t} + u\dfrac{\partial u}{\partial x} + v\dfrac{\partial u}{\partial y} + w\dfrac{\partial u}{\partial z} = f_x - \dfrac{1}{\rho}\dfrac{\partial p}{\partial x} + \nu\left(\dfrac{\partial^2 u}{\partial x^2} + \dfrac{\partial^2 u}{\partial y^2} + \dfrac{\partial^2 u}{\partial z^2}\right) \\[2mm] \dfrac{\mathrm{D}v}{\mathrm{D}t} = \dfrac{\partial v}{\partial t} + u\dfrac{\partial v}{\partial x} + v\dfrac{\partial v}{\partial y} + w\dfrac{\partial v}{\partial z} = f_y - \dfrac{1}{\rho}\dfrac{\partial p}{\partial y} + \nu\left(\dfrac{\partial^2 v}{\partial x^2} + \dfrac{\partial^2 v}{\partial y^2} + \dfrac{\partial^2 v}{\partial z^2}\right) \\[2mm] \dfrac{\mathrm{D}w}{\mathrm{D}t} = \dfrac{\partial w}{\partial t} + u\dfrac{\partial w}{\partial x} + v\dfrac{\partial w}{\partial y} + w\dfrac{\partial w}{\partial z} = f_z - \dfrac{1}{\rho}\dfrac{\partial p}{\partial z} + \nu\left(\dfrac{\partial^2 w}{\partial x^2} + \dfrac{\partial^2 w}{\partial z^2} + \dfrac{\partial^2 w}{\partial z^2}\right) \end{cases} \tag{5.53}$$

式 (5.53) 就是著名的**纳维—斯托斯方程** (Navier – Stokes, 简称 N – S 方程), 是研究牛顿流体运动的基础。N – S 方程对流体的密度、黏度、可压缩性都未做限制, 只是引入了牛顿流体的本构方程, 所以该方程只适用于牛顿流体, 对于非牛顿流体, 可采用应力形式的运动方程。

例 5 – 14　两间距为 $2h$ 的无限大平行平板间 (图 5 – 18), 流体质点只在 x 方向运动, 在 y 或 z 方向速度为 0, 设上下板都固定, 试确定平板间的速度分布, 假设流体密度为常数。

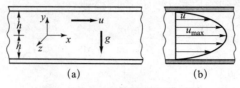

图 5 – 18 两平行平板间的流动

解： 流动为定常，有 $\dfrac{\partial}{\partial t}=0$；且流体只有 x 方向的速度，即 $v=w=0$，于是由连续性方程可得 $\dfrac{\partial u}{\partial x}=0$，同时假定 u 不是 z 坐标的函数，即 $u=u(y)$；

质量力只有重力，$f_y=-g$

则 N – S 方程可以简化为

$$0=-\frac{\partial p}{\partial x}+\mu\frac{\partial^2 u}{\partial y^2} \tag{5.54}$$

$$0=-\frac{\partial p}{\partial y}-\rho g \tag{5.55}$$

$$0=\frac{\partial p}{\partial z} \tag{5.56}$$

由式（5.55）可令

$$p=-\rho gy+f(x)$$

方程（5.54）可以改写为

$$\frac{\mathrm{d}^2 u}{\mathrm{d}y^2}=\frac{1}{\mu}\cdot\frac{\partial p}{\partial x} \tag{5.57}$$

等式（5.57）左边速度只是坐标 y 的函数，等式右边压强只是 x 的函数，于是积分得

$$u=\frac{1}{2\mu}\cdot\frac{\partial p}{\partial x}y^2+C_1 y+C_2$$

利用边界条件 $u|_{y=-h}=0$，$u|_{y=h}=0$，得到

$$C_1=-\frac{1}{2\mu}\cdot\frac{\partial p}{\partial x}h^2,\ \ C_2=0$$

因此，$u=\dfrac{1}{2\mu}\cdot\dfrac{\partial p}{\partial x}(y^2-h^2)$。

此时两平板间的流体速度分布为抛物线分布。

习　　题

5.1　建立雷诺输运方程的目的是什么？雷诺输运方程表达了哪些参量间的什么关系？

5.2　如图 5 – 19 所示，密度为 $\rho=830\ \mathrm{kg/m^3}$ 的油水平射向直立的平板，已知射流直径 $D_j=10\ \mathrm{cm}$，其速度为 8 m/s，如射流射到平板后沿平板面流动，求平板所受的力。

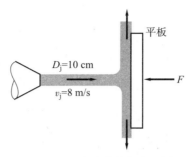

图 5 - 19　水流冲击竖直平板

5.3　如图 5 - 20 所示，河道入口宽 1 m，流体速度分布均匀，河道下游的速度剖面由 $u = 4y - 2y^2$ 确定，确定河道入口处的速度。

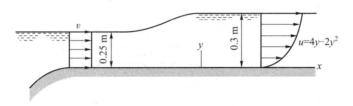

图 5 - 20　河道示意图

5.4　管路 AB 在 B 点分为 BC、BD 两支，如图 5 - 21 所示。已知 $d_A = 45$ cm、$d_B = 30$ cm；$d_C = 20$ cm、$d_D = 15$ cm，$v_A = 2$ m/s，$v_C = 4$ m/s，试求 v_B、v_D。

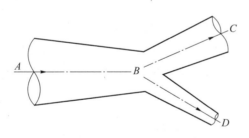

图 5 - 21　分叉管道

5.5　如图 5 - 22 所示，一高度为 H 水箱，横截面积为 S，进水通道 1 和出水通道 2 的横截面积和水流速度分别为 S_1，v_1 与 S_2，v_2。设水均匀垂直流入流出通道，容器内水的深度为 h，水密度 ρ_w 可作常数处理。液面上方为空气，密度为 ρ_a，求深度 h 随时间的变化率。

5.6　如图 5 - 23 所示，将锐边平板插入水的自由射流中，并使平板与射流垂直，该平板将射流分成两股，已知射流速度 $v = 30$ m/s，总流量 $Q = 36$ L/s，$v_1 = \frac{1}{3}v$，$v_2 = \frac{2}{3}v$，试求射流偏转角 α 及射流对平板的作用力 R。

5.7　如图 5 - 24 所示，喷射推进船航行速度 $v_1 = 54$ km/h，推进力 $F = 4\,000$ N，出口面积 $A = 0.02$ m²，试求射流出口的速度 v_2 及推进装置的效率 η。

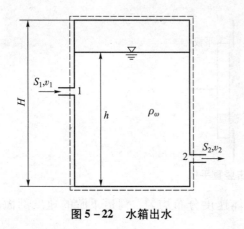

图 5-22　水箱出水

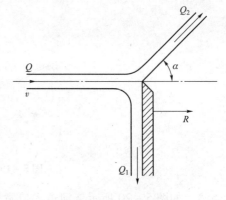

图 5-23　自由射流

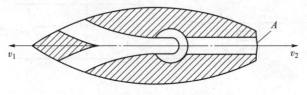

图 5-24　喷射推进船

5.8　密度为常数的液体流经突然收缩的管道后，排入大气中，如图 5-25 所示，假设截面 1 处的参数为（p_1，v_1，D_1），截面 2 处的参数为（p_2，v_2，D_2），确定流体对收缩接头施加的力的表达式。

5.9　直径为 10 mm 的喷嘴喷射一块竖直放置的砖块（15 mm × 200 mm × 100 mm），砖块重 6 N，如图 5-26 所示。试确定使得砖块翻倒的最小体积流量。

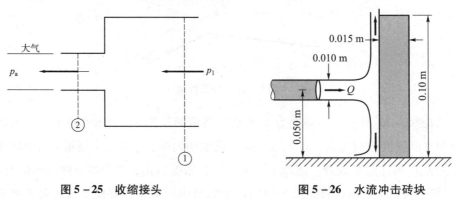

图 5-25　收缩接头

图 5-26　水流冲击砖块

5.10　如图 5-27 所示，水枪冲击固定在水车上的叶片，使得水车以恒定速度 v_c 向右边运动，忽略摩擦力和重力的作用。计算（1）维持水车状态所需的水平力；（2）射流对水车的做功功率。

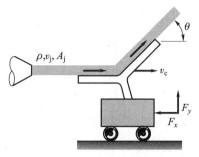

图 5 - 27　水枪冲击叶片

5.11　黏性流体流过平板表面后，在紧邻平板表面的地方流体速度降低，流速降低的区域随流动方向不断发展，如图 5 - 28 所示。这个流速降低的区域称为边界层。在板块的前缘，速度分布可以看成是均匀的，边界层的外缘，平行于平板的流体速度分量也等于 U，截面 2 处流体速度分布可以表达为 $\dfrac{u}{U} = \left(\dfrac{x}{\delta}\right)^{\frac{1}{7}}$，试计算流体对平板的曳力。

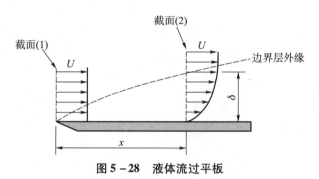

图 5 - 28　液体流过平板

5.12　均匀流流经一个完全浸没的椭圆形柱体，假如柱体下游的尾流为理想化的 V 形，如图 5 - 29 所示。柱体上下游的压力 p_1 和 p_2 相等。设流体不可压缩，柱体垂直与纸面的宽度为 b，试推导椭圆形柱体受到的流体曳力的表达式，并把结果写成无量纲的形式

$$C_{\mathrm{D}} = F / (U^2 b L)$$

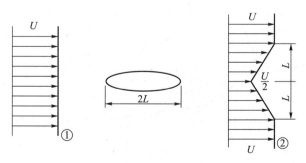

图 5 - 29　液体绕流

5.13　三臂洒水喷头如图 5 - 30 所示，20 ℃的水通过喷头中心以 2.7 m³/h 进入喷头。如果忽略摩擦，求当 $\theta = 0$ ℃和 $\theta = 40$ ℃时，喷头稳定旋转的角速度。

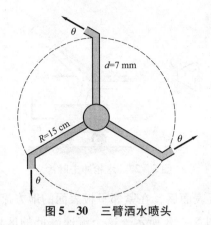

图 5－30　三臂洒水喷头

5.14　离心泵几何尺寸已知，流量为 Q 的水流沿轴向流入，沿叶片切向方向流出水泵，叶片与水泵圆周切向间的夹角为 θ_2，如图 5－31 所示。假设流体不可压缩，水泵匀角速度转动，试推出驱动水泵所需功率的表达式。

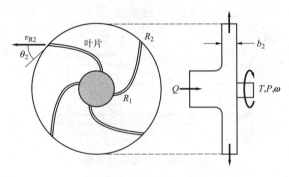

图 5－31　离心泵示意图

5.15　水泵系统如图 5－32 所示，水泵把水从较低水位水库中的水抽到城市供水系统中的水塔，设计流量为 8 000 kg/min，摩擦水头损失为 5 m。试估计水泵所需的功率。

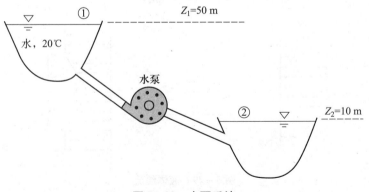

图 5－32　水泵系统

5.16　比重为 0.8 的油在间距为 8 mm 的两平行平板间流动，如图 5－33 所示。利用水银压力计可以测量其流量，水银压力计测压孔间距为 1 m，液面高差为 6 cm。试估计油的流量。

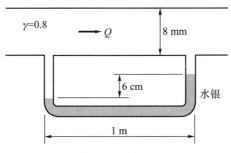

图 5 – 33　压力计测量流量

5.17　如图 5 – 34 所示，20 ℃的二氧化碳流过收缩接头，忽略流动损失。如果 $P_1 = 170$ kPa 和压力计中指示液是比重为 0.85 的油，估计（1）截面 2 处的压强；（2）气体体积流量。

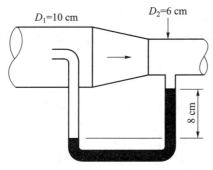

图 5 – 34　收缩接头

5.18　一层很薄的黏性液体沿平板流动，其速度分布为 $u = Cy(2h - y)$，$v = w = 0$，C 为常数，平板与水平面有倾斜角 θ，如图 5 – 35 所示。试根据纳维斯托克斯方程，用重力加速度、黏性系数和角度 θ 表达常数和平板单位宽度上的体积流量 Q。

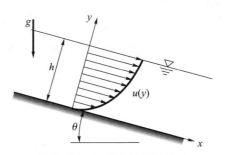

图 5 – 35　平板上的液层流动

第6章 相似理论与量纲分析

实验方法是流体力学研究过程中的重要手段。以实验测试为手段，直接对某一物理过程中的有关物理量进行测定，根据测定结果可以找出各相关物理量之间的联系及变化规律。

然而工程原型有时尺寸巨大，在工程原型上进行实验，会耗费大量的人力与物力，甚至是不可能的，如大型水坝、水工建筑物的抗洪水试验，大型船舶的水力学实验、大型飞机的空气动力学实验等。所以，利用缩小尺度的模型是实验过程中的常用方法。当然，如果原型尺寸很小，也可利用放大的模型进行实验。此时，存在一个非常重要的问题：在模型实验中获得的结果能不能推广应用到原型流动中？如果不能，模型实验的结果将没有意义；如果可以，模型与原型间应该满足什么条件？如何将实验的结果推广到原型流动中？

本章将要介绍的相似理论与量纲分析就是解决上述问题的基础。

6.1 相似的概念

相似概念最早出现在几何学中，如两个三角形，对应夹角相等，对应边互成比例，那么，这两个三角形便是几何相似的。

流体力学的相似，主要是指流动的力学相似，构成力学相似的两个流动，一个是实际的流动现象，即**原型**（prototype）；另一个是在实验室中进行重演或预演的流动现象，称为**模型**（model）。所谓力学相似是指原型流动与模型流动在对应物理量之间应相互平行（指矢量物理量如力、加速度等），并保持一定的比例关系（指矢量与标量物理量的数值，如力的数值、时间与压力的数值等）。对一般的流体运动，力学相似应包括以下三个层次。

6.1.1 几何相似

几何相似要求模型的边界形状与原型的边界形状相似，对应的线性尺寸成相同的比例，对应的夹角相等。如果以下标 p 表示原型流动，下标 m 表示模型流动，如图 6-1 所示，则几何相似包括：

线性比例尺：

$$k_l = \frac{L_m}{L_p} \tag{6.1}$$

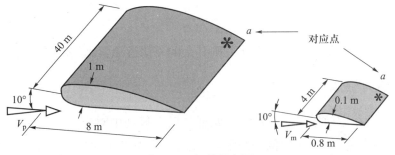

图 6 - 1　相似示意图

面积比例尺：

$$k_A = \frac{A_m}{A_p} = \frac{L_m^2}{L_p^2} = k_l^2 \tag{6.2}$$

体积比例尺：

$$k_V = \frac{V_m}{V_p} = \frac{L_m^3}{L_p^3} = k_l^3 \tag{6.3}$$

严格地说，几何相似还包括原型与模型表面粗糙度相似，但这一点一般情况下不易做到，只有在流体阻力实验、边界层实验等情况下才考虑物体表面粗糙度相似，一般情况下不予考虑。这样，当知道了原型的尺度后，就可用 k_l 求得模型的几何尺寸。

6.1.2　运动相似

所谓运动相似，是在几何相似的条件下，同一时刻，原型流动与模型流动对应的速度场、加速度场相似，包括速度、加速度方向一致，大小互成比例。如图 6 - 1 所示，运动相似应包括：

速度比例尺

$$k_v = \frac{v_m}{v_p} \tag{6.4}$$

时间比例尺

$$k_t = \frac{t_m}{t_p} = \frac{\dfrac{L_m}{V_m}}{\dfrac{L_p}{V_p}} = \frac{k_l}{k_v} \tag{6.5}$$

加速度比例尺

$$k_a = \frac{a_m}{a_p} = \frac{v_m/t_m}{v_p/t_p} = \frac{k_v}{k_t} \tag{6.6}$$

流量比例尺

$$k_Q = \frac{Q_m}{Q_p} = \frac{L_m^3/t_m}{L_p^3/t_p} = \frac{k_l^3}{k_t} \tag{6.7}$$

另外，在流体机械中，还有转速比例尺

$$k_n = \frac{n_m}{n_p} = \frac{1/t_n}{1/t_p} = k_t^{-1} \tag{6.8}$$

利用上述公式，只要确定了 k_l 与 k_v，则其余的一切运动学比例尺均可确定。

6.1.3　动力相似

动力相似系指在运动相似的条件下，原型与模型流动中对应点的同名力（同一力学性质的力）方向相同，大小互成比例。如图 6-2 所示，原型中流体质点 a，与模型中流体质点 a' 受到的重力 F_g、压力 F_p、摩擦力 F_f 和惯性力 F_i 都成比例。

$$k_F = \frac{F_m}{F_p} \tag{6.9}$$

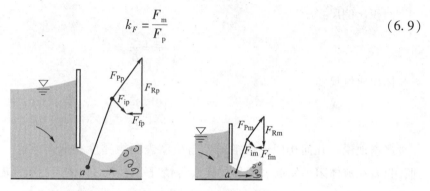

图 6-2　动力相似示意图

从三个相似的定义可以看出：几何相似是力学相似的前提条件，动力相似是运动相似的主导因素，运动相似是几何相似和动力相似的表现。

需要指出的是两个力学相似的流动还应该具有相同的运动微分方程式。这是因为，流体运动微分方程实质上就是惯性力、压力、黏性力以及其他外力的平衡关系式，两个流动相似，则对应点上这些力的方向应当一致，大小成比例。因此，如果两流动相似，则应服从同一运动微分方程。反之，如果两流动服从相同的运动微分方程，则它们就具有运动相似与动力相似的性质。因此，如果两个流动满足同一运动微分方程，且具有相似的边界条件与起始条件，那么，这两个流动就是力学相似的。

6.2　动力相似准则

上节中我们定义流动几何、运动和动力相似时，出现了各种相似比例系数。流动满足动力相似条件时，这些相似比例系数是任意大小的吗？很显然，它们之间存在一定的联系，这种联系就是相似原理（相似准则）。建立相似准则的方法有多种，本节将运用牛顿定律，从动力相似的角度建立各个相似比例系数间的联系。我们知道作用在流体上的力有黏性力、压力（压差）、重力、弹性力、表面张力与惯性力等。其中，直接影响流动的力是惯性力，它是力图保持原有流动状态的力。而其他力试图改变原有流动状态，是主动力。根据动力相似原理，模型与原型流动中流体受到的上述各种力的比例应该相同。

6.2.1　动力相似准则

由牛顿第二定律，则力的比例尺为

$$\frac{F_m}{F_p} = \frac{m_m a_m}{m_p a_p} = \frac{\rho_m V_m a_m}{\rho_p V_p a_p} = k_\rho k_l^3 k_a = k_\rho k_l^2 k_v^2 = k_F \tag{6.10}$$

式中，m 为流体的质量；ρ 为流体的密度；k_ρ 为密度比例尺。式（6.10）表明，基本比例尺 k_ρ，k_l，k_v 和 k_F 之间不是完全孤立的，而是有联系的。

由式（6.10）可得

$$\frac{k_F}{k_\rho k_l^2 k_v^2} = 1 \tag{6.11}$$

式（6.11）可变形为

$$\left(\frac{F}{\rho L^2 v^2}\right)_m = \left(\frac{F}{\rho L^2 v^2}\right)_p \tag{6.12}$$

将主动力与惯性力之比定义为牛顿数，即

$$Ne = \frac{F}{\rho L^2 v^2} \tag{6.13}$$

式（6.12）表明，要使模型与原型流动力学相似，就要求模型与原型的牛顿数必须相等，这称为牛顿相似准则，即

$$(Ne)_m = (Ne)_p \tag{6.14}$$

6.2.2　黏性力相似准则

仅考虑黏性力时，模型与原型流动中黏性力的比例也应等于式（6.10）确定的比例系数 k_F

$$\frac{\left(\mu A \dfrac{du}{dy}\right)_m}{\left(\mu A \dfrac{du}{dy}\right)_p} = k_F \tag{6.15}$$

即

$$k_\mu k_l k_v = k_\rho k_l^2 k_v^2$$
$$k_\mu = k_\rho k_l k_v \tag{6.16}$$

上式也可变形为

$$\frac{(\rho l v)_p}{\mu_p} = \frac{(\rho l v)_m}{\mu_m} \tag{6.17}$$

定义一个称为雷诺数的无量纲数

$$Re = \frac{\rho l v}{\mu}$$

式中，l 为影响流动的特征尺寸；v 为特征速度。

雷诺数表征了惯性力与黏性力之比。式（6.17）表明，当$(Re)_m = (Re)_p$时，模型与原型流动中黏性力相似。

6.2.3 压力相似准则

考虑压力时，模型与原型流动中压力的比例也等于式（6.10）确定的比例系数k_F

$$\frac{(pA)_m}{(pA)_p} = k_F \tag{6.18}$$

即

$$k_p k_l^2 = k_\rho k_l^2 k_v^2 \tag{6.19}$$

上式改写为

$$\left(\frac{p}{\rho v^2}\right)_p = \left(\frac{p}{\rho v^2}\right)_m \tag{6.20}$$

定义无量纲的准则数——欧拉数为

$$Eu = \frac{p}{\rho v^2} \tag{6.21}$$

欧拉数表征了压力与惯性力之比。式（6.20）表明，当$(Eu)_m = (Eu)_p$时，模型与原型流动中压力相似。在大多数的工程应用中，经常用压差来取代压力。因此，欧拉数变为$Eu = \frac{\Delta p}{\rho v^2}$。

6.2.4 重力相似准则

同样，仅考虑重力时，模型与原型流动中重力的比例也等于式（6.10）确定的比例系数k_F

$$\frac{(\rho V g)_m}{(\rho V g)_p} = k_F \tag{6.22}$$

即

$$k_\rho k_l^3 k_g = k_\rho k_l^2 k_v^2 \tag{6.23}$$

化简式（6.23）得到

$$k_l k_g = k_v^2 \tag{6.24}$$

由式（6.24）可得

$$\left(\frac{v^2}{gl}\right)_m = \left(\frac{v^2}{gl}\right)_p \tag{6.25}$$

定义无量纲的准则数——弗劳德数为

$$Fr = \frac{v^2}{gl}$$

弗劳德数表征了惯性力与重力的相对大小。当$(Fr)_m = (Fr)_p$时，模型与原型流动的重力相似。

6.2.5　弹性力相似准则

要保证弹性力相似，模型与原型流动中弹性力的比例也等于式（6.10）确定的比例系数 k_F

$$\frac{(KA)_{\mathrm{m}}}{(KA)_{\mathrm{p}}} = k_F \tag{6.26}$$

式中，K 为流体的体积弹性模量，式（6.26）可写为

$$k_K k_l^2 = k_\rho k_l^2 k_v^2 \tag{6.27}$$

或

$$\left(\frac{\rho v^2}{K}\right)_{\mathrm{m}} = \left(\frac{\rho v^2}{K}\right)_{\mathrm{p}} \tag{6.28}$$

定义无量纲的准则数——柯西数为

$$Ca = \frac{\rho v}{K} \tag{6.29}$$

柯西数表征了惯性力与弹性力相对大小。当 $(Ca)_{\mathrm{m}} = (Ca)_{\mathrm{p}}$ 时，模型与原型流动的弹性力相似。在处理气体流动问题时，常用马赫数取代柯西数。用 a 表示声速，体积弹性模量可表示为

$$K = \rho\frac{\mathrm{d}p}{\mathrm{d}\rho} = \rho a^2 \tag{6.30}$$

式（6.30）代入式（6.28），得

$$\left(\frac{v^2}{a^2}\right)_{\mathrm{m}} = \left(\frac{v^2}{a^2}\right)_{\mathrm{p}} \tag{6.31}$$

定义无量纲的准则数——马赫数：

$$Ma = \frac{v}{a} \tag{6.32}$$

马赫数是流体速度与在同一介质内声波速度的比值。在流体速度接近或超过当地声速时（常常出现在气体动力学分析中），马赫数是最重要的参数。

6.2.6　表面张力相似准则

在某些流动中，表面张力比较重要。要保证表面张力相似，模型与原型流动中表面张力的比例也等于式（6.10）确定的比例系数 k_F

$$\frac{(\sigma l)_{\mathrm{m}}}{(\sigma l)_{\mathrm{p}}} = k_F \tag{6.33}$$

即

$$k_\sigma k_l = k_\rho k_l^2 k_v^2 \tag{6.34}$$

或

$$\left(\frac{\rho l v^2}{\sigma}\right)_{\mathrm{m}} = \left(\frac{\rho l v^2}{\sigma}\right)_{\mathrm{p}}$$

定义无量纲的准则数——韦伯数：

$$We = \frac{\rho l v}{\sigma}$$

韦伯数表征了惯性力与表面张力的相对大小。当 $(We)_m = (We)_p$ 时，模型与原型流动的表面张力相似。

6.3 相似条件

6.3.1 相似条件及应用

相似条件是指流动相似应该满足的充要条件。如前所述，两个力学相似的流动应该可以用相同的运动微分方程描述；同时具有相似的单值条件（单值条件是由运动微分方程确定某一具体流动所需的条件，可以简单理解为由通解确定微分方程特解的条件，包括几何条件、边界条件和起始条件等）；并具有数值相等的同名相似准则数。

上面相似的三个条件被称为相似三定律（或三条件），它是设计实验、组织实施和总结实验结果的理论依据。

在设计实验阶段，要根据相似定律和实验场地确定长度比尺，设计模型，选择合适的流动介质等；在组织实验阶段，要根据相似准则数，确定流速等实验参数；在总结实验结果阶段，找出相似准则数间的关系，并按相似准则把实验中获得的准则数间的关系推广到原型流动中。

例 6 – 1 一车间的长、宽、高分别为 $l = 30$ m，$w = 15$ m 与 $h = 10$ m。通风设备到车间的入口直径为 0.6 m，空气的速度为 0.8 m/s。如果长度比尺为 1/5，试确定模型的尺寸与入口处空气的速度。

解：根据所给条件，已知 $l_p = 30$ m、$w_p = 15$ m、$h_p = 10$ m、$d_p = 0.6$ m，长度比尺 $k_l = 1/5$，故

$$l_m = k_l l_p = 30/5 = 6 \text{（m）}$$
$$w_m = k_l w_p = 15/5 = 3 \text{（m）}$$
$$h_m = k_l h_p = 10/5 = 2 \text{（m）}$$
$$d_m = k_l d_p = 0.6/5 = 0.12 \text{（m）}$$

空气的运动黏度为 1.57×10^{-5} m²/s，根据黏性力相似准则，雷诺数必须相等，即

$$Re_m = Re_p$$

$$\frac{0.6 \times 0.8}{1.57 \times 10^{-5}} = \frac{0.12 \times v_m}{1.57 \times 10^{-5}}$$

解得 $v_m = 4.0$ m/s。

例 6 – 2 一灌水渠宽 1 m，送水流量为 9 m³/s。采用宽为 0.2 m 的几何相似模型研究灌水渠的某些流动特性。要保证弗劳德数相似，模型所需的流量为多少？

解：对于弗劳德数相似，有 $(Fr)_m = (Fr)_p$，即

$$\left(\frac{v}{\sqrt{gl}}\right)_m = \left(\frac{v}{\sqrt{gl}}\right)_p$$

由于 $g_m = g_p$，得

$$\frac{v_m}{v_p} = \sqrt{\frac{l_m}{l_p}}$$

因为 $q = vA$，有

$$\frac{q_m}{q_p} = \frac{(vA)_m}{(vA)_p} = \frac{v_m}{v_p} \cdot \frac{A_m}{A_p} = \sqrt{\frac{l_m}{l_p}} \cdot \frac{l_m^2}{l_p^2} = \left(\frac{l_m}{l_p}\right)^{2.5}$$

解得

$$q_m = \left(\frac{l_m}{l_p}\right)^{2.5} q_p = (0.2)^{2.5} \times 9 = 0.161 \ (\text{m}^3/\text{s})$$

例 6 – 3　为研究锅炉排气管中烟气的流动特性，采用长度比尺为 1/10 的水流做模型实验。已知排气管中烟气流速为 4 m/s，烟气温度为 600 ℃，密度为 0.4 kg/m³，运动黏度为 2×10^{-5} m²/s。模型中水温 10 ℃，密度为 1 000 kg/m³，运动黏度为 1.5×10^{-6} m²/s。(1) 为保证流动相似，模型中水的流速是多少？(2) 实测模型的压降为 9 105.5 Pa，原型锅炉排气管中烟气的压降是多少？

解：(1) 对流动起主要作用的力是黏性力，应满足雷诺相似

$$(Re)_p = (Re)_m$$

$$v_m = v_p \frac{\nu_m}{\nu_p} \cdot \frac{l_p}{l_m} = 4 \times \frac{1.5}{20} \times 10 = 3 (\text{m/s})$$

(2) 流动的压降满足欧拉相似

$$(Eu)_p = (Eu)_m$$

$$\Delta p_p = \Delta p_m \times \frac{\rho_p v_p^2}{\rho_m v_m^2} = 9\ 105.5 \times \frac{0.4 \times 4^2}{1\ 000 \times 3^2} = 6.5 (\text{Pa})$$

6.3.2　近似相似实验

在工程中应力求做到完全相似，但实际上要做到这点是比较困难的，甚至是不可能的。当两流动动力相似时，对各相似比例尺存在某些限制。例如，由重力相似准则，对重力场中的流动，有

$$k_v = k_l^{0.5} \tag{6.35}$$

如果在模型及原型中使用同样的流体，黏性力相似准则要求

$$k_v = k_l^{-1} \tag{6.36}$$

显然，这两个相似准则产生了冲突。随着所考虑的相似准则越多，产生的冲突也就越厉害。有时，这些矛盾使得不可能进行有意义的模型实验。因而，在工程应用中，人们经常进行近似模型实验，即首先保证起主要作用的力相似，满足一定的精度要求即可。如图 6 – 3

所示的水坝模型，由于难以同时满足雷诺数和弗劳德数都相等，此时，只能先保证流动过程中起主要作用的重力相似，即弗劳德数相等。

图 6-3　水坝模型图

6.4　量纲分析

量纲分析法是另外一种寻求物理过程中相关物理量之间关系的重要方法。它广泛地在自然科学的诸多分支科学如传热学、力学和电学等中，得到应用。它对于正确分析、科学表达物理过程是十分有益的。

6.4.1　量纲的概念

1. 量纲与单位

量纲表征各种物理量性质和类别，是指物理量所属的种类，是物理量的质的表征。单位是人为规定的量度标准，是量度各种物理量数值大小的标准量，是物理量的量的表征。如长度的量纲代表长度这种物理量的性质，它区别于速度的量纲。为了表示长度的大小，人们可以用各种单位表达：1 m、10 dm、100 cm 等。

通常，物理量 q 的量纲用一个方括号来表示为 $[q]$，方括号的意思是"具有…的量纲"。

2. 量纲的分类

量纲包括基本量纲与导出量纲。基本量纲（独立量纲）是不能用其他量纲导出的、互相独立的量纲。与物理学中的 7 个基本物理量（长度、质量、时间、电流、热力学温度、光强度和物质的量）相对应，一般意义上的基本量纲有上述 7 种物理量的量纲。导出量纲（非独立量纲）是由基本量纲导出的量纲。

对于不可压缩流体运动，流体力学中通常只涉及长度、质量及时间三个基本物理量，分别用 L、M 和 T 表示它们的量纲，其他物理量量纲均为其导出量纲。例如，速度、加速度、力以及动力黏度的导出量纲可表示如下：

$$[v] = \mathrm{LT}^{-1}, \quad [a] = \mathrm{LT}^{-2}, \quad [F] = \mathrm{MLT}^{-2}, \quad [\mu] = \mathrm{ML}^{-1}\mathrm{T}^{-1}.$$

3. 量纲一致性原理（量纲和谐原理）

所有与物理量相关的理论公式都必须是量纲和谐的，即方程中所有的项必须有相同的量纲，如果物理量的量纲写成基本量纲的幂次形式，基本量纲的幂次应相等。这就是量纲一致性原理。

例如：物理等式为 $X + Y = Z$，那么 $[X] = [Y] = [Z]$，如果 $\begin{cases} [X] = \mathrm{L}^x\mathrm{M}^y\mathrm{T}^z \\ [Y] = \mathrm{L}^a\mathrm{M}^b\mathrm{T}^c \\ [Z] = \mathrm{L}^l\mathrm{M}^m\mathrm{T}^n \end{cases}$，

则 $\begin{cases} x = a = l \\ y = b = m \\ z = c = n \end{cases}$

6.4.2　白金汉定理（又称 π 定理）

白金汉方法是一种具有普遍性的量纲分析方法，1915 年由白金汉（E. Buckinghan）提出，又称 π 定理。白金汉方法的基本原理如下：

某一物理现象与 x_1、x_2、$\cdots$、x_n，这 n 个变量如速度、密度、黏度等有关。写成：

$$F(x_1, x_2, x_3, \cdots, x_n) = 0 \tag{6.37}$$

如果这 n 个变量中包含 r 个基本量纲（在流体力学中，基本量纲通常只有 L，M，T），那么这一物理过程可以写成 $n - r = m$ 个无量纲数（又称 π 数）之间的关系：

$$f(\pi_1, \pi_2, \pi_3, \cdots, \pi_m) = 0 \tag{6.38}$$

式中，f 是区别于式（6.37）的另外一个函数关系。

在应用白金汉定理时，应遵循以下的步骤：

（1）弄清题意，找出产生影响的因素。列出 n 个与流动现象有关的变量，这或许是应用白金汉定理最难的步骤。这里所说的"变量"包括有量纲及无量纲常数在内的任何量，通常包括描述系统的几何尺寸、流体特性、影响系统的外力等（如单位长度上的压降）。

（2）找出所有变量中包含的基本量纲个数 r。

（3）在 n 个物理量中，选取 r 个物理量作为基本量。选取的原则是这 r 个物理量中必须包含在第（2）步中确定的 r 个基本量纲。

（4）将剩余的 $n - r$ 个物理量分别与（3）步中确定的基本量构成 $n - r$ 个无量纲数（π 数）。

例 6 - 4　一定常黏性流动流经一水平放置的小直径管道。利用白金汉 π 定理，建立确定管道两截面间的压强与各变量间的关系式。

解：根据实验及生活生产经验，可知压降 ΔP 与流体的黏性 μ、流体平均速度 v、管道直径 d、管道长度 l、流体密度 ρ、管壁面粗糙度 ε 有关。因此，流经管道的流动可以描述为

$$F(\Delta P, l, d, \varepsilon, v, \mu, \rho) = 0$$

（1）流动所涉及的物理量个数为 7；

（2）所有的物理量中只包含 L、M 和 T 这 3 个基本量纲，π 数目为 $(7-3)=4$。因此，物理过程可以写成 4 个无量纲数间的关系：

$$f(\pi_1, \pi_2, \pi_3, \pi_4) = 0$$

（3）选取 d，v 和 ρ 为基本变量（这三个物理量包括了 L、M 和 T）。

（4）令：

$$\pi_1 = \frac{\Delta P}{\rho^{x_1} v^{y_1} d^{z_1}}, \quad \pi_2 = \frac{\mu}{\rho^{x_2} v^{y_3} d^{z_4}}, \quad \pi_3 = \frac{l}{\rho^{x_3} v^{y_3} d^{z_4}}, \quad \pi_4 = \frac{\varepsilon}{\rho^{x_4} v^{y_4} d^{z_4}} \qquad (6.39)$$

把式（6.39）中所有物理量都写成基本量纲的幂次形式：

$$[\Delta P] = ML^{-1}T^{-2}, \qquad\qquad [l] = L, \qquad\qquad [d] = L,$$

$$[\varepsilon] = L, \qquad\qquad [\mu] = ML^{-1}T^{-1}, \qquad\qquad [\rho] = ML^{-3}, \quad [v] = LT^{-1}$$

式（6.39）可以写为

$$\pi_1 = \frac{ML^{-1}T^{-2}}{(ML^{-3})^{x_1}(LT^{-1})^{y_1}L^{z_1}}, \quad \pi_2 = \frac{ML^{-1}T^{-1}}{(ML^{-3})^{x_2}(LT^{-1})^{y_2}L^{z_2}},$$

$$\pi_3 = \frac{L}{(ML^{-3})^{x_3}(LT^{-1})^{y_3}L^{z_3}}, \quad \pi_4 = \frac{L}{(ML^{-3})^{x_3}(LT^{-1})^{y_4}L^{z_4}}$$

根据量纲和谐原理，由于 $\pi = M^0 L^0 T^0$，因此，所有 π 数中基本量纲的幂次的代数和都等于零：

$$\begin{cases} 0 = 1 - x_1 \\ 0 = -1 + 3x_1 - y_1 - z_1, \\ 0 = -2 + y_1 \end{cases} \begin{cases} 0 = 1 - x_2 \\ 0 = -1 + 3x_2 - y_2 - z_2, \\ 0 = -1 + y_2 \end{cases} \begin{cases} 0 = -x_3 \\ 0 = -y_3 \\ 0 = 1 - z_3 \end{cases} \begin{cases} 0 = -x_4 \\ 0 = -y_4 \\ 0 = 1 - z_4 \end{cases}$$

解得：

$$\begin{cases} x_1 = 1 \\ y_1 = 2 \Rightarrow \pi_1 = \frac{\Delta P}{\rho v^2} = Eu, \\ z_1 = 0 \end{cases} \begin{cases} x_2 = 1 \\ y_2 = 1 \Rightarrow \pi_2 = \frac{\mu}{\rho v d} = \frac{1}{Re} \\ z_2 = 1 \end{cases}$$

$$\begin{cases} x_3 = 0 \\ y_3 = 0 \Rightarrow \pi_3 = \frac{l}{d}, \\ z_3 = 1 \end{cases} \begin{cases} x_4 = 0 \\ y_4 = 0 \Rightarrow \pi_4 = \frac{\varepsilon}{d} \\ z_4 = 1 \end{cases}$$

因此，这一物理过程可以看成是无量纲数间的关系

$$f\left(\frac{\Delta P}{\rho v^2}, \frac{\mu}{\rho v d}, \frac{l}{d}, \frac{\varepsilon}{d}\right) = 0$$

将 ΔP 从无量纲方程中分离出来，得

$$\Delta P = \frac{1}{2}\rho v^2 f\left(\frac{\mu}{\rho v d}, \frac{l}{d}, \frac{\varepsilon}{d}\right) \quad (1/2 \text{ 是按照能量的定义添加的}) \qquad (6.40)$$

实验证明，沿程压降与管长成正比，因此，式（6.40）可以改写为

$$\Delta P = \frac{l}{d} \cdot \frac{1}{2}\rho v^2 f\left(\frac{\mu}{\rho vd}, \ \frac{\varepsilon}{d}\right) \tag{6.41}$$

定义沿程阻力系数为

$$\lambda = f\left(\frac{\mu}{\rho vd}, \ \frac{\varepsilon}{d}\right) = f\left(Re, \ \frac{\varepsilon}{d}\right)$$

式 (6.41) 可以写为

$$\Delta P = \lambda \frac{l}{d} \cdot \frac{1}{2}\rho v^2 \tag{6.42}$$

该关系式称为达西—魏巴斯公式。

例 6-5 一直径为 d 的球体在定常黏性流中以相对速度 v 运动，球体受到的阻力 F 与流体密度、黏度、相对速度 v 以及球体直径有关。利用白金汉 π 定理，确定球体阻力与各变量间的关系式。

解： 由于阻力 F 与流体的黏性 μ、球体的相对速度 v、球体直径 d、流体密度 ρ 有关。因此，物理现象可以描述为

$$F(F, d, v, \mu, \rho) = 0$$

(1) 流动所涉及的物理量个数为 5；

(2) 所有的物理量中只包含 L、M 和 T 这 3 个基本量纲，π 数目为 (5−3) = 2。因此，物理过程可以写成 2 个无量纲数间的关系：

$$f(\pi_1, \pi_2) = 0$$

(3) 选取 d, v 和 ρ 为基本变量，这三个物理量包括了 L、M 和 T。

(4) 令

$$\pi_1 = \frac{F}{\rho^{x_1} v^{y_1} d^{z_1}}, \quad \pi_2 = \frac{\mu}{\rho^{x_2} v^{y_2} d^{z_2}} \tag{6.43}$$

把式 (6.43) 中所有物理量都写成基本量纲的幂次形式：

$$[F] = MLT^{-2}, \quad [d] = L, \quad [\mu] = ML^{-1}T^{-1}, \quad [\rho] = ML^{-3}, [v] = LT^{-1}$$

式 (6.43) 可以写为

$$\pi_1 = \frac{MLT^{-2}}{(ML^{-3})^{x_1}(LT^{-1})^{y_1}L^{z_1}}, \quad \pi_2 = \frac{ML^{-1}T^{-1}}{(ML^{-3})^{x_2}(LT^{-1})^{y_2}L^{z_2}}$$

根据量纲和谐原理，由于 $\pi = M^0 L^0 T^0$，因此，所有 π 数中基本量纲的幂次的代数和都等于零：

$$\begin{cases} 0 = 1 - x_1 \\ 0 = 1 + 3x_1 - y_1 - z_1, \\ 0 = -2 + y_1 \end{cases} \quad \begin{cases} 0 = 1 - x_2 \\ 0 = -1 + 3x_2 - y_2 - z_2 \\ 0 = -1 + y_2 \end{cases}$$

解得：

$$\begin{cases} x_1 = 1 \\ y_1 = 2 \Rightarrow \pi_1 = \frac{F}{\rho v^2 d^2}, \\ z_1 = 2 \end{cases} \quad \begin{cases} x_2 = 1 \\ y_2 = 1 \Rightarrow \pi_2 = \frac{\mu}{\rho vd} = \frac{1}{Re} \\ z_2 = 1 \end{cases}$$

因此，这一物理过程可以看成是无量纲数间的关系

$$F = \frac{1}{2}\rho v^2 D^2 f\left(\frac{1}{Re}\right)$$ （1/2 是按照能量的定义添加的） （6.44）

式中，D^2 与球体的横截面积有关，令 $C_D = f\left(\frac{1}{Re}\right)$ 为阻力系数，它只是雷诺数的函数，因此，式（6.44）可以改写为

$$F = C_D A \frac{1}{2}\rho v^2$$ （6.45）

关于量纲分析方法的讨论：

量纲分析为组织实施实验研究，以及整理实验数据提供了科学的方法，可以说量纲分析方法是沟通流体力学理论和实验的桥梁。

但是应用量纲分析方法得到的物理方程式，与确定的过程中所包含的物理量个数 n 以及所选的基本物理量密切有关。而量纲分析方法本身对有关物理量的选取却不能提供任何指导和启示。某个物理量的遗漏或基本物理量选取的差异，都会导致量纲分析结果的错误或不当。弥补这种局限性需要依靠研究者的经验和对流动现象的观察认识能力。

习　　题

6.1　根据雷诺相似准则导出流速、流量、时间、力、切应力等物理量比尺的表达式。

6.2　根据重力相似准则导出流速、流量、时间、力、压强等物理量比尺的表达式。

6.3　某水闸泄水流量 $q_v = 120\ \text{m}^3/\text{s}$，拟进行模型试验。已知实验室最大供水流量为 $0.75\ \text{m}^3/\text{s}$，则可选用的模型长度比尺为多少？又测得模型闸门上的作用力 $F = 2.8\ \text{N}$，则原型闸门上的作用力为多少？

6.4　按基本量纲为 L、T、M 推导出动力黏性系数 μ，体积弹性模量 K，表面张力系数 σ，切应力 τ，线变形率 ε，角变形率 θ，旋转角速度 ω 的量纲。

6.5　将下列各组物理量整理成为无量纲数：（1）τ, v, ρ；（2）ΔP, v, ρ, γ；（3）F, l, v, ρ；（4）σ, l, v, ρ。

6.6　假定影响孔口泄流流量 Q 的因素有孔口尺寸 a，孔口内外压强差 ΔP，液体的密度 ρ，动力黏度 μ，又假定容器甚大，其他边界条件的影响可以忽略不计，试用 π 定理确定孔口流量公式的正确形式。

6.7　圆球在黏性流体中运动所受的阻力 F 与流体的密度 ρ，动力黏度 μ，圆球与流体的相对运动速度 v，球的直径 D 等因素有关，试用 π 建立圆球受到流体阻力 F 的公式形式。

6.8　用 π 定理推导鱼雷在水中所受阻力 F_D 的表示式，它和鱼雷的速度 v、鱼雷的尺寸 l、水的黏度 μ 及水的密度 ρ 有关。鱼雷的尺寸 l 可用其直径或长度代表。

6.9　水流围绕一桥墩流动时，将产生绕流阻力，该阻力和桥墩的宽度 b（或柱墩直径 d）、水流速度 v、水的密度 ρ 和黏度 μ 及重力加速度 g 有关。试用 π 定理推导绕流阻力表

示式。

6.10 试用 π 定理分析管流中的阻力表达式。假设管流中阻力 F 和管道长度 l、管径 d、管壁粗糙度 Δ、管流断面平均流速 v、液体密度 ρ 和黏度 μ 等有关。

6.11 在深水中进行炮弹模型试验，模型的大小为实物的 $1/1.5$，若炮弹在空气中的速度为 500 km/h，问欲测定其黏性阻力时，模型在水中试验的速度应当为多少？（设温度 t 均为 200 ℃）

6.12 有一圆管直径为 20 cm，输送 $\nu = 0.4$ cm^2/s 的油，其流量为 100 L/s，若在试验中用 5 cm 的圆管做模型试验，假如采用 20 ℃ 的水或 $\nu = 0.17$ cm^2/s 的空气做试验，则模型流量各为多少？假定主要的作用力为黏性力。

6.13 采用长度比尺为 1:20 的模型来研究弧形闸门闸下出流情况，如图 6-4 所示，重力为水流主要作用力，试求：（1）原型中如闸门前水深 $H_p = 8$ m，模型中相应水深为多少？（2）模型中若测得收缩断面流速 $v_m = 2.3$ m/s，流量为 $Q_m = 45$ L/s，则原型中相应的流速和流量为多少？（3）若模型中水流作用在闸门上的力 $P_m = 78.5$ N，原型中的作用力为多少？

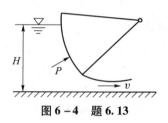

图 6-4 题 6.13

第7章 管（通）道中的黏性流动

管道是用管子、管子连接件和阀门等连接成的用于输送气体、液体、气液、液固或气液固混合流体的装置。通常，流体经鼓风机、压缩机、泵和锅炉等增压后，从管道的高压处流向低压处，也可利用流体自身的压力或重力输送。管道广泛应用在给水、排水、供热、供煤气、长距离输送石油和天然气、农业灌溉、水利工程和各种工业装置中。

对一定量的流体输送系统，首先需要确定的是管道直径的大小。管径的大小取决于允许的流速和允许的摩擦阻力（压力降）。对一定流量的流动，流速大时管径小，但阻力损失大。因此，小管径管道可以节省管道基建投资，但泵和压缩机等动力设备的运行能耗费用增大。此外，如果流速过大，还有可能带来一些其他不利的因素。因此管径应根据建设投资、运行费用和其他技术因素综合考虑决定。

确定管道直径首先需要充分了解一定直径管道的输送能力（流量）和输送流体产生的能量损失。本章将主要针对管道（通道）的输送能力和能量损失展开讨论。

7.1 管道流动的基本特征

7.1.1 管道流动的状态

1. 层流和湍流

1873 年，奥斯鲍恩·雷诺（Osborne Reynolds，1842—1912）首先通过实验给出了对管道流动状态的直观描述。图 7-1 所示为雷诺实验装置和流动显示示意图。清水从具有恒定水位的水箱中流入均直透明圆管，在圆管入口中心处，通入一细孔针注入有色液体，以观察管内的流动状态。在圆管的出口处有一阀门可调节管内流量。

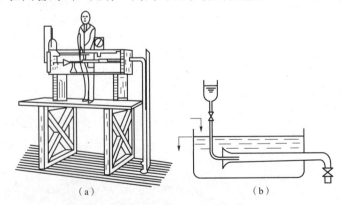

（a）　　　　　　　　　　（b）

图 7-1　雷诺实验装置和流动显示示意图

（a）雷诺实验装置；（b）流动显示示意图

实验过程中，阀门逐渐开大，当流速比较小时，管内染色线呈现直线状态，流动为**层流**，如图 7-2（a）所示；流速增加到一定程度后，染色线开始波动，如图 7-2（b）所示；继续增加流速，雷诺数增加到一个临界值之后，染色线将剧烈变化，并与水相互掺混，如图 7-2（c）所示，即是**湍流**。这种从层流向湍流的过渡又称为流动的转捩。

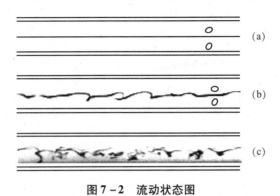

图 7-2　流动状态图

（a）层流；（b）染色线开始波动；（c）湍流

层流和湍流是两种不同性质的流动状态，是一切流体运动普遍存在的物理现象。层流时流体流速较低，流体质点间的黏性力占主导作用，呈现出各层流体质点不发生混杂。湍流时流体流速较高，惯性力逐渐取代黏性力而成为支配流动的主要因素，起主导作用。流动呈现无规则的脉动混杂甚至产生可见尺度的涡旋，这就是湍流。

2. 雷诺数

实验结果证明，管道中流动从层流向湍流转捩时的临界流速正比于液体的运动黏度 v，反比于管道内径 d，即

$$v_{cr} \propto \frac{v}{d}$$

引入无量纲比例系数——雷诺数，上式写为 $v_{cr} = Re_{cr} \dfrac{v}{d}$，即 $Re_{cr} = \dfrac{v_{cr}d}{v}$。

因此，管道中的临界状态由临界雷诺数 Re_{cr} 确定。雷诺实验发现：流体由层流转变为湍流时的临界雷诺数和由湍流向层流转变时的临界雷诺数并不相同，前者称为上临界雷诺数，以 Re_{cr}^{upper} 表示；后者称为下临界雷诺数，以 Re_{cr}^{sub} 表示。通常，对管道流动 $Re_{cr}^{upper} = 4\,000$，$Re_{cr}^{sub} \approx 2\,100$。即

$Re > Re_{cr}^{upper} = 4\,000$ 时，管中流动状态是湍流。

$Re < Re_{cr}^{sub} = 2\,100$ 时，管中流动状态是层流。

在上、下临界雷诺数间，流动是层流或湍流的可能性都存在。因此，一般都用数值小的下临界雷诺数作为判别流体状态的依据，称为临界雷诺数 Re_{cr}。但是流动从层流向湍流转捩时的临界雷诺数并不总是一定的。临界雷诺数的数值取决于流动和其他诸多因素，如初始扰动水平、流体中掺混的杂质等。

7.1.2　管道流动的能量损失

在第 4 章中，推出的黏性流体沿管道流动的总流伯努利方程为

$$z_1 + \frac{p_1}{\rho g} + \alpha_1 \frac{v_1^2}{2g} = z_2 + \frac{p_2}{\rho g} + \alpha_2 \frac{v_2^2}{2g} + h_w \tag{7.1}$$

式中，α 为动能修正因子；h_w 是黏性流体从截面 1 流到截面 2，单位重量流体所损失的能量（单位为：m），它等于所有沿程损失和局部损失之和，即

$$h_w = h_f + h_j \tag{7.2}$$

所谓沿程损失是指在均直管道中，由于流体黏性摩擦导致的能量损失。根据式（7.1），均直管中

$$h_f = \frac{\Delta p}{\rho g} \tag{7.3}$$

利用量纲分析例 6 – 4 的结论：$\Delta P = \lambda \dfrac{l}{d} \cdot \dfrac{1}{2}\rho v^2$，式（7.3）可以改写为

$$h_f = \frac{\Delta P}{\rho g} = \lambda \frac{l}{d} \cdot \frac{v^2}{2g} \tag{7.4}$$

式（7.4）称为达西—威斯巴赫（Darcy – Weisbach）公式。式中，λ 为沿程损失系数，它是雷诺数和管壁相对粗糙度的函数，是一个无量纲系数。

所谓局部损失是指由于管道截面的变化（包括截面积大小和截面方位的改变）而引起的流动急剧变化时，流体的能量损失。通常表示为

$$h_j = \zeta \frac{v^2}{2g} \tag{7.5}$$

式中，ζ 称为局部损失系数，也是一个无量纲系数，根据引起流动的各种管件，由试验来确定。

要计算黏性流体在管道中的流动问题，需应用总流的伯努利方程。而应用该方程的关键问题是求管道中的能量损失 h_w。总损失 h_w 等于各段沿程损失和局部损失之和。若求沿程损失 h_f 和局部损失 h_j，就必须确定沿程损失系数 λ 和局部损失系数 ζ。因此，确定沿程阻力系数 λ 和局部阻力系数 ζ 就成了本章最关键的问题。

7.1.3　进口段流动

黏性流体经过固体壁面时，在固体壁面与流体主流之间必定有一个流速变化的区域，在高雷诺数流动中这个区域是个薄层，称为边界层。流体从管道流入后，由于受到管壁的影响，靠近壁面的流动受到阻滞，流速降低，在其下游，边界层的厚度逐渐增大，于是未受管壁影响的中心部分的流速必将加快。这种不断改变速度分布的流动一直发展到边界层在管中心处相交，之后，流动不随管道轴向截面坐标变化，即所谓**充分发展流动**。边界层相交以前

的管段称为**管道进口段**（或称起始段），进口段的流动是速度分布不断变化的非均匀流动，进口段以后的流动则是各个截面速度分布相同的充分发展流动。其速度和压力分布示意图如图 7 - 3 所示。实验表明对层流流动，进口段长度约为 $0.03\ dRe_d$，对湍流流动，进口段长度为 $40 \sim 60d$。本章后面所讲的流动都为充分发展流动。

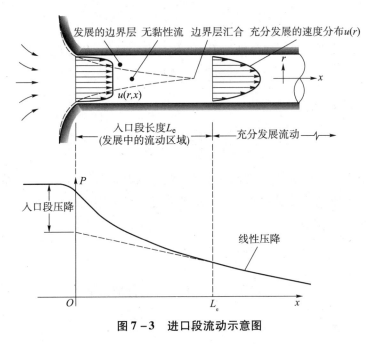

图 7 - 3　进口段流动示意图

7.2　圆管中的层流

7.2.1　层流时的速度分布

设流动为不可压流体在水平直管中的定常流动，流体充满整个管道截面，并为充分发展的层流流动。取管道轴线与 x 坐标一致。在这样的流动中没有横向速度分量，即 $v = w = 0$，仅有 x 方向的速度 u。根据连续方程，可得

$$\frac{\partial u}{\partial x} = 0 \tag{7.6}$$

该式表明，u 与 x 无关，仅为 y 和 z 的函数。若忽略质量力对流动的影响，N - S 方程式可写为

$$\frac{\partial P}{\partial x} = \mu \left(\frac{\partial^2 u}{\partial y^2} + \frac{\partial^2 u}{\partial z^2} \right)$$

$$\frac{\partial P}{\partial y} = 0 \tag{7.7}$$

$$\frac{\partial P}{\partial z} = 0$$

后两个方程表明，压强 P 与 y 和 z 无关，仅为 x 的函数。故有：

$$\frac{\partial^2 u}{\partial y^2} + \frac{\partial^2 u}{\partial z^2} = \frac{1}{\mu} \cdot \frac{dP}{dx} \tag{7.8}$$

式（7.8）的左端是 y、z 的函数，而右端是 x 的函数，这只有两边均等于常数时才能成立，故可得出 $\dfrac{dP}{dx}$ = 常数，即沿轴向长度上的压强变化为一常数。

若长度为 l 的管道两端的压强分别为 P_1 和 P_2，并令 $\Delta P = P_1 - P_2$，则

$$\frac{dP}{dx} = -\frac{\Delta P}{l} \tag{7.9}$$

于是，式（7.8）变为

$$\frac{\partial^2 u}{\partial y^2} + \frac{\partial^2 u}{\partial z^2} = -\frac{\Delta P}{\mu l} \tag{7.10}$$

上面的推导中，并未涉及管道截面的形状问题，因此，对任何形状的截面均可适用。对于圆截面管道，由于流动是轴对称的，为了求解方便，可采用圆柱坐标系，设轴线方向为 x 坐标，则式（7.10）可写成

$$\frac{d^2 u}{dr^2} + \frac{1}{r} \cdot \frac{du}{dr} = -\frac{\Delta P}{\mu l} \tag{7.11}$$

该方程可由柱坐标系的 N-S 方程式直接得出；这种情况下 N-S 方程可变为

$$\frac{1}{r} \cdot \frac{d}{dr}\left(r\frac{du}{dr} \right) = -\frac{\Delta P}{\mu l} \tag{7.12}$$

积分可得

$$u = -\frac{\Delta p}{4\mu l}r^2 + C_1\ln r + C_2 \tag{7.13}$$

引入边界条件：由于流速分布的对称性，在管道轴线上速度值最大，即，当 $r = 0$ 时，$\dfrac{du}{dr} = 0$。在管壁面上，$r = \dfrac{d}{2} = r_0$，$u = 0$。得到积分常数 $C_1 = 0$，$C_2 = \dfrac{\Delta P}{4\mu l}r_0^2$。

将边界条件代入式（7.13）得流速分布：

$$u = -\frac{\Delta P}{4\mu l}\ (r^2 - r_0^2) \tag{7.14}$$

可以看出，圆管中层流流动过流断面上的流速分布为旋转抛物面，如图 7-4 所示。

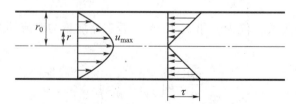

图 7-4　管中层流时的速度分布和切应力分布

从压力与剪切力平衡的角度也可以得到上述结论：压强差 $P_1 - P_2$ 作用在半径为 r_0 的圆柱形流体块上的力为 $(P_1 - P_2)\pi r_0^2$，管壁面作用在圆柱流体上的剪切力为 $\tau 2\pi r_0 l$。这两种

力平衡，可得

$$\tau = \frac{(P_1 - P_2)}{l} \cdot \frac{r_0}{2}$$ （7.15）

由牛顿内摩擦定律，有 $\tau = \mu \dfrac{\mathrm{d}u}{\mathrm{d}r}$，对其积分即可得式（7.13）的速度分布。

在管道轴线上，速度有最大值

$$u_{\max} = \frac{\Delta P}{4\mu l} r_0^2$$ （7.16）

通过整个管道截面的流量

$$Q = \int_0^{r_0} u 2\pi \mathrm{d}r = \int_0^{r_0} \frac{\Delta P}{4\mu l}(r_0^2 - r^2) 2\pi r \mathrm{d}r = \frac{\pi r_0^4}{8\mu l}\Delta P$$ （7.17）

或

$$Q = \frac{\pi d^4}{128\mu l}\Delta P$$ （7.18）

式（7.18）称为哈根—泊肃叶公式。该式表明，圆管中层流流动的流量与管径的四次方成正比。对黏性层流流动，在其他条件相同的情况下，提高管道直径一倍，管道横截面积是原来的 4 倍，但其流体输送能力将是原来的 16 倍。

由式（7.18）可知，管道截面上的平均流速

$$v_a = \frac{Q}{A} = \frac{Q}{\pi r_0^2} = \frac{\Delta P r_0^2}{8\mu l} = \frac{1}{2} u_{\max}$$ （7.19）

即圆管中层流流动的截面平均速度为截面上最大速度的一半。

7.2.2 阻力系数

由式（7.19），可得出：

$$\Delta P = \frac{8\mu l v_a}{r_0^2} = \frac{32\mu l v_a}{d^2}$$ （7.20）

该式即为沿程压强损失公式。可以看出，圆管中层流流动沿程压强损失与速度的一次方成正比。沿程能量损失为

$$h_f = \frac{\Delta P}{\rho g} = \frac{32\mu l v}{\rho g d^2} = \frac{64}{\dfrac{\rho V d}{\mu}} \times \frac{l}{d} \times \frac{v^2}{2g} = \frac{64}{Re} \times \frac{l}{d} \times \frac{v^2}{2g}$$ （7.21）

对比式（7.4）$h_f = \lambda \dfrac{l}{d} \cdot \dfrac{v^2}{2g}$，得到层流流动时，沿程阻力系数：

$$\lambda = \frac{64}{Re}$$ （7.22）

式（7.22）表明：层流流动时，沿程阻力损失只与雷诺数有关，而与壁面粗糙度无关。

将式（7.14）代入牛顿内摩擦定律可得：

$$\tau = -\mu \frac{\mathrm{d}u}{\mathrm{d}r} = \frac{\Delta P}{2l} r$$ （7.23）

式中，加负号是为使 τ 为正值。可以看出，τ 随管径 r 呈线性变化，如图 7-4 所示。在管壁处，$r=r_0$，$\tau=\tau_0$ 为最大切向应力，则

$$\tau_0 = \frac{\Delta p}{2l} r_0 \tag{7.24}$$

在伯努利方程中，通常用平均速度表达流体的动能。流体做层流流动时，用平均速度表达的动能与其真实动能间存在差异，管道截面的实际动能与用平均速度表达的动能间的比值，即动能修正系数为

$$\alpha = \frac{\frac{1}{A}\int_A u^2 \rho u \,dA}{\frac{1}{A}\int_A v_a^2 \rho v_a \,dA} = \frac{2}{A}\int_A \left(\frac{u}{v_a}\right)^3 dA = \frac{1}{\pi r_0^2}\int_0^{r_0}\left[2\left(1-\frac{r^2}{r_0^2}\right)\right]^3 \times 2\pi r\,dr = 2$$

即，流体在圆管中做层流流动时，其动能修正系数 $\alpha = 2$。

例 7-1 已知一圆管的管长 $L=20$ m，管径 $D=20$ mm；圆管中水的平均流速 $v=0.12$ m/s；水温 10 ℃时的运动黏度 $\upsilon=1.306\times10^{-6}$ m^2/s；求该管道的沿程能量损失。

解： 圆管内流动的雷诺数

$$Re = \frac{vD}{\upsilon} = 1\,838 < 2\,100$$

因此，圆管内的流动为层流流动，沿程损失系数

$$\lambda = \frac{64}{Re} = 0.035$$

管道沿程能量损失

$$h_f = \lambda \frac{L}{D}\cdot\frac{v^2}{2g} = 0.026 \text{ mH}_2\text{O}$$

例 7-2 密度为 900 kg/m^3，运动黏度 0.000 2 m^2/s 的油品流过向上倾斜的管道，如图 7-5 所示。管道上两截面 1、2 的距离相差 10 m。假设流动为层流，（1）确定流动方向向上；（2）计算两截面间的沿程阻力损失；（3）计算平均流速和流量；（4）验证流动状态。

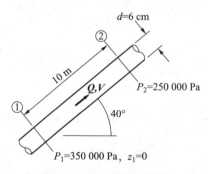

图 7-5 倾斜管道示意图

解：（1）计算两截面的总水头

$$H_1 = z_1 + \frac{P_1}{\rho g} = 0 + \frac{3.5\times10^5}{900\times9.8} = 39.7\,(\text{m}), \quad H_2 = z_2 + \frac{P_2}{\rho g} = 10\sin40° + \frac{2.5\times10^5}{900\times9.8} = 34.8\,(\text{m})$$

由于 $H_1 > H_2$，因此，流动方向为从截面 1 到截面 2。

（2）截面间的沿程阻力损失由伯努利方程可得

$$h_f = \left(z_1 + \frac{P_1}{\rho g} + \frac{v_1^2}{2g} \right) - \left(z_2 + \frac{P_2}{\rho g} + \frac{v_2^2}{2g} \right) = H_1 - H_2 = 4.9 \, (\text{m})$$

（3）根据哈根—泊肃叶公式（7.18），体积流率

$$Q = \frac{\pi d^4}{128 \mu l} \Delta p = \frac{\pi d^4}{128 \mu l} \rho g h_f = \frac{\pi \times 0.06^4}{128 \times 0.000\,2 \times 900 \times 10} \times 900 \times 9.8 \times 4.9 = 0.007\,6 \, (\text{m}^3/\text{s})$$

平均速度

$$v = \frac{4Q}{\pi d^2} = = \frac{4 \times 0.007\,6}{3.14 \times 0.06^2} = 2.7 \, (\text{m/s})$$

（4）验证流动状态

$$Re = \frac{vd}{\upsilon} = \frac{2.7 \times 0.06}{0.000\,2} = 810 < 2\,100，因此流动为层流。$$

7.3　圆管中的湍流

7.3.1　湍流描述方法

由于湍流的随机性，湍流中的各物理量：流速、压强等都是随机函数。流体微团的物理量无时无地不存在急剧变化，其频率可达到 10^5，这样剧烈的无规则运动不仅难以利用数学分析方法处理，即使利用超级计算机进行数值计算也很困难。因此，湍流的研究不能仅仅依靠 N–S 方程，必须寻找其他有效的途径。

幸运的是，尽管湍流微团的运动是随机的，但是工程上，人们更关心的是速度的平均值、压力分布、剪切应力等统计平均量。而随机函数的特点是某个量的个别测量具有不确定性，但是大量测量结果的平均值具有确定性。因此，可以采用合适的平均法获得随机函数的平均值。平均方法有很多种，最常见的是针对时间取平均值的方法，即时均法。

在流体做湍流运动的空间流场中，任取某一固定点，用热线风速仪或激光测速仪测量在不同时刻通过该点的流体质点速度，可以得到流速随时间变化曲线，如图 7–6 所示。

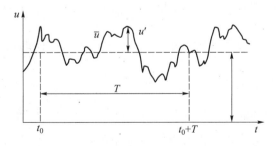

图 7–6　流速随时间变化曲线

速度有确定的时均值：

$$\overline{u}(x,y,z) = = \lim_{T \to \infty} \frac{1}{T} \int_{t_0}^{t_0+T} u(x,y,z)\,\mathrm{d}t \qquad (7.25)$$

这样就可以把湍流运动中某一固定点的瞬时流速分为两部分,即时均流速部分和脉动流速部分:

$$u = \overline{u} + u' \qquad (7.26)$$

式中,u' 表示脉动流速。由定义可知脉动流速的时间平均值等于零,即

$$\overline{u'} = \frac{1}{T} \int_{t_0}^{t_0+T} u'\mathrm{d}t = \frac{1}{T} \int_{t_0}^{t_0+T} (u - \overline{u})\,\mathrm{d}t = \frac{1}{T} \int_{t_0}^{t_0+T} u\mathrm{d}t - \frac{1}{T} \int_{t_0}^{t_0+T} \overline{u}\mathrm{d}t = \overline{u} - \overline{u} = 0 \quad (7.27)$$

尽管瞬时速度 u 在不断变化,而时均速度 $\overline{u}$ 却可能不变。因此,可将定常流动的定义推广应用于湍流流动,即:对于湍流流动,如果空间某点的流体物理量(如速度、压强等)的时均值不随时间变化,则称为时均定常流动,或简称为定常流动,否则,为非定常流动。

流体质点不仅沿轴向有脉动,而且沿垂直于流动轴的截面(即径向)也有脉动,并分别用 v',w' 表示,且

$$\overline{v'} = \frac{1}{T} \int_{t_0}^{t_0+T} v'\mathrm{d}t = 0, \qquad \overline{w'} = \frac{1}{T} \int_{t_0}^{t_0+T} w'\mathrm{d}t = 0$$

即脉动速度 v',w' 对时间的平均值也为零。

同理,在湍流流动中,流体的压强也处于脉动状态,则瞬时压强可以分解为

$$P = \overline{P} + P'$$

即瞬时压强等于时均压强加脉动压强。同理也可证明,脉动压强的平均值 $\overline{P'}$ 也等于零,即

$$\overline{P'} = \frac{1}{T} \int_{t_0}^{t_0+T} P'\mathrm{d}t = 0$$

在研究湍流的理论中,还经常使用湍流度 I 来表示脉动幅度的大小,湍流度定义为

$$I = \frac{\sigma}{V} = \frac{\sqrt{\frac{1}{3}(\overline{u'^2} + \overline{v'^2} + \overline{w'^2})}}{V}$$

式中,σ 为脉动速度的均方根值,$\sigma = \sqrt{\frac{1}{3}(\overline{u'^2} + \overline{v'^2} + \overline{w'^2})}$;$V$ 为时均特征速度,对明渠或管内流动,V 采用截面平均流速;对绕流问题,V 采用远离物体的时均流速。

7.3.2　湍流应力

当黏性流体做层流运动时,摩擦切应力可由牛顿内摩擦定律确定,而对黏性流体做湍流运动,除了黏性摩擦切应力之外,由于流体质点存在横向脉动,在流体层与层之间引起动量交换,从而增加了流体的能量损失,这个增加的能量损失,就称为湍流附加切应力。

湍流附加切应力的计算,可按普朗特动量传递理论进行推导。该理论的基本观点为:在

湍流的流层中，由于存在脉动流速，流层之间在一定的距离之内会产生动量交换，由于动量交换，便会在流层之间的交界面上产生沿流向的切应力。

如图 7-7 所示，假设在固体壁面上的速度分布为 $u = \bar{u} + u'$，$v = v'$（y 方向的时均速度为零）。在流场中有一平行于 x 轴的微元面 $\mathrm{d}A$。由于脉动速度 v' 引起，通过 $\mathrm{d}A$ 面的质量流率为 $\rho v' \mathrm{d}A$，$\mathrm{d}t$ 时间内通过 $\mathrm{d}A$ 面的 x 方向的动量流率为 $\rho(\bar{u} + u')v' \mathrm{d}A$。$\Delta t$ 时间内通过 $\mathrm{d}A$ 面的 x 方向的动量流率为 $\Delta k = \int_{\Delta t} \rho(\bar{u} + u')v' \mathrm{d}A \mathrm{d}t$。

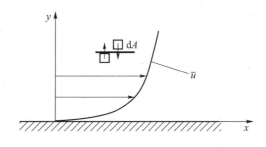

图 7-7　雷诺应力示意图

单位时间内通过 $\mathrm{d}A$ 面的 x 方向动量为

$$\frac{\Delta k}{\Delta t} = \frac{1}{\Delta t} \int_{\Delta t} \rho(\bar{u} + u')v' \mathrm{d}A \mathrm{d}t = \frac{1}{\Delta t} \int_{\Delta t} \rho \bar{u} v' \mathrm{d}A \mathrm{d}t + \frac{1}{\Delta t} \int_{\Delta t} \rho u' v' \mathrm{d}A \mathrm{d}t \qquad (7.28)$$

因为

$$\frac{1}{\Delta t} \int_{\Delta t} \rho \bar{u} v' \mathrm{d}A \mathrm{d}t = \frac{\bar{u} \mathrm{d}A}{\Delta t} \int_{\Delta t} \rho v' \mathrm{d}t = 0, \; \frac{1}{\Delta t} \int_{\Delta t} \rho u' v' \mathrm{d}A \mathrm{d}t = \frac{\mathrm{d}A}{\Delta t} \int_{\Delta t} \rho u' v' \mathrm{d}t = \mathrm{d}A \overline{\rho u' v'}$$

式（7.28）可以改写为

$$\frac{\Delta k}{\Delta t} = \mathrm{d}A \overline{\rho u' v'} \qquad (7.29)$$

根据动量定理，

$$\frac{\Delta k}{\Delta t} = F_x = \mathrm{d}A \overline{\rho u' v'} \qquad (7.30)$$

因此，由于速度脉动，流体之间单位面积的切向应力为

$$\tau_t = \frac{F}{\mathrm{d}A} = -\overline{\rho u' v'} \qquad (7.31)$$

由此可见，τ_t 的产生完全是由于湍流的脉动引起的，就是所谓的湍流附加切应力。由于湍流附加切应力是雷诺在 1895 年首先提出的，故湍流附加切应力又称为雷诺应力。

因此，湍流流动时的总切应力为

$$\tau = \tau_\mu + \tau_t \qquad (7.32)$$

式中，τ_μ 是黏性剪切应力，可由牛顿内摩擦定律计算，即

$$\tau_\mu = \mu \frac{\mathrm{d}\bar{u}}{\mathrm{d}y} \qquad (7.33)$$

7.3.3　混合长度理论

由于脉动速度的大小未知，湍流应力难以直接计算。为此，普朗特在 1925 年按照与分子平均自由程类似的想法提出了混合长理论，对这个问题做出了一个初步解答。

如图 7 - 8 所示，假定某瞬时流体微团原在位置 $y - l_m$，其时均流速为 $\bar{u}\ (y - l_m)$，由于存在横向脉动速度 v'，这一流体微团在竖向移动了一个混合长度 l_m 后与周围流体混合。微团所到达的新位置 y 时，引起 y 处速度差异，差值为

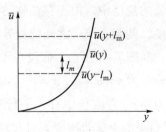

图 7 - 8　混合长度模型示意图

$$\Delta\bar{u}_1 = \bar{u}(y - l_m) - \bar{u}(y) = -l_m\frac{d\bar{u}}{dy} + o\left(\frac{d\bar{u}}{dy}\right) \quad (7.34)$$

类似地，原来处于 $y + l_m$ 处的流体微团向下方运动时，速度之差为

$$\Delta\bar{u}_2 = \bar{u}(y + l_m) - \bar{u}(y) = l_m\frac{d\bar{u}}{dy} + o\left(\frac{d\bar{u}}{dy}\right) \quad (7.35)$$

普朗特假设 y 处产生脉动速度与以上两种扰动幅度的平均值同量级：

$$\overline{u'} = \frac{1}{2}(\,|\Delta\bar{u}_1| + |\Delta\bar{u}_2|\,) = l_m\frac{d\bar{u}}{dy} \quad (7.36)$$

脉动速度 v' 与 u' 具有相同的数量级，所以

$$|v'| \sim |u'| = c_1 l_m\frac{d\bar{u}}{dy} \quad (7.37)$$

式中，c_1 是量阶为 $O(1)$ 的数，雷诺应力的大小为

$$|-\rho\,\overline{v'u'}| = \rho|\overline{v'u'}| = -\rho|\overline{u'}||\overline{v'}| = \rho c_1 l_m^2\left|\frac{d\bar{u}}{dy}\right|^2 \quad (7.38)$$

由于通常情况 $v'u' < 0$，则 $-v'u' > 0$，如图 7 - 8 所示时均速度梯度 $\dfrac{d\bar{u}}{dy} > 0$。因此，雷诺应力 $-v'u'$ 的方向恒与 $\dfrac{d\bar{u}}{dy}$ 一致。

$$\tau_t = -\rho\,\overline{v'u'} = \rho l_m^2\left|\frac{d\bar{u}}{dy}\right|\frac{d\bar{u}}{dy} \quad (7.39)$$

式（7.39）给出雷诺应力与流场中时均量 $\dfrac{d\bar{u}}{dy}$ 的关系，即**普朗特混合长度公式**。把雷诺应力写成与牛顿内摩擦定律类似的形式：

$$\tau_t = -\rho\,\overline{v'u'} = \mu_t\frac{d\bar{u}}{dy} \quad (7.40)$$

式中，μ_t 称为湍流动力黏度系数，对比式（7.39）和式（7.40）可得

$$\mu_t = \rho l_m^2\left|\frac{d\bar{u}}{dy}\right| \quad (7.41)$$

湍流黏度系数 μ_t 只与局部流动特征有关，与流体的性质无关。混合长度由实验确定，它不是流体的物理性质而是与流动情况有关的一个度量。很多情况下可以把 l_m 与流动的某些尺度联系起来。Prandtl 假定 l_m 与从固体壁面算起的法向距离 y 成正比，即

$$l_m = \kappa y \quad (7.42)$$

式中，κ 为一常数，称为 kármán 常数，由实验确定。

混合长理论尽管在物理上还存在缺陷。但是，这种理论对于某些情况，只要对黏性系数加以修正，就能与实验较好地符合。因此仍是一种有用的理论模型基础。

7.3.4 湍流速度分布及阻力系数

1. 圆管壁面湍流分层结构及其特性

在壁面湍流中，随着壁面距离的变化，黏性切应力和湍流附加切应力各自对流动的影响也发生变化。以 y 表示离开壁面的垂直距离，随着 y 的增加，黏性切应力的影响逐渐减小，而湍流附加切应力的影响开始不断增大，而后逐渐减小。这就形成了具有不同流动特征的区域。壁面附近的湍流速度边界层可以分为黏性底层、过渡层（重叠层）和对数律层（完全湍流层）。

引入特征速度 u^*，特征长度 y^*，其定义为

$$u^* = \sqrt{\frac{\tau_w}{\rho}}, \quad y^* = \frac{\mu}{\rho u^*} \tag{7.43}$$

式中，τ_w 为壁面上的切应力。实验研究表明：

黏性底层： 所在厚度为 $0 \leqslant y \leqslant 5y^*$，在黏性底层中黏性切应力起主要作用，湍流附加切应力可以忽略，流动接近于层流状态，因此在早期研究中称之为层流底层。由于近期的实验研究，观察到该层内有微小旋涡及湍流猝发起源的现象，因此称为黏性底层。

过渡层： 所在厚度为 $5y^* \leqslant y \leqslant 30y^*$，过渡层中黏性切应力和湍流附加切应力为同一数量级，流动状态极为复杂。由于其厚度不大，在工程计算中，有时将其并入对数律层的区域中。

对数律层： 所在厚度约为 $y > 30y^*$，对数律层内流体受到的湍流附加切应力大于黏性切应力，因而流动处于完全湍流状态。

对于壁面粗糙不平的管道，通常用 Δ 表示粗糙突出的平均高度，称为绝对粗糙度，Δ/D 称为相对粗糙度，其中 D 为管道直径。湍流状态的管道流动可以根据黏性底层厚度和管道绝对粗糙度的大小分为三种情况：水力光滑管、过渡型管和水力粗糙管，如图7-9所示。

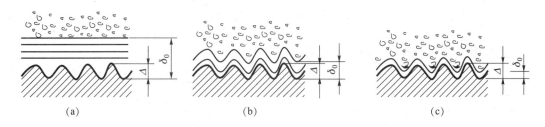

(a)　　　　　　　　　　(b)　　　　　　　　　　(c)

图7-9　管道壁面粗糙度对流动的影响

（a）水力光滑管；（b）过渡型管；（c）水力粗糙管

水力光滑管：水力光滑管黏性底层的厚度 δ_0 大于壁面的绝对粗糙度 Δ，壁面的粗糙粒完全被掩盖在层流底层之内，粗糙度对湍流核心区的流动没有影响，流动就像在绝对光滑的壁面中流动一样，因而沿程损失与壁面的粗糙度无关。

过渡型管：过渡型管中黏性底层的厚度 δ_0 与壁面的绝对粗糙度 Δ 相当，壁面的粗糙基本被掩盖在层流底层之内，粗糙度对湍流核心区的流动没有影响。

水力粗糙管：水力粗糙管中黏性底层的厚度 δ_0 小于壁面的绝对粗糙度 Δ，壁面的粗糙峰进入湍流核心区，对湍流核心区速度有显著影响。

2. 光滑圆管中的湍流速度

1）黏性底层的速度分布

黏性底层非常薄，可以忽略沿壁面法线的变化，令 $\tau = \tau_w = \text{const}$，且其中的速度分布接近层流流动，根据牛顿内摩擦定律有：

$$\mu \frac{d\overline{u}}{dy} = \tau_w \tag{7.44}$$

对式（7.44）积分可得

$$\overline{u} = \frac{\tau_w y}{\mu} = \frac{\rho (u^*)^2 y}{\mu} = u^* \frac{y}{y^*} \tag{7.45}$$

为方便起见，引入无因次速度 u^+ 和无因次距离 y^+，其定义式分别为

$$u^+ = \frac{\overline{u}}{u^*}, \quad y^+ = \frac{y}{y^*} \tag{7.46}$$

则黏性底层的速度分布可以写为

$$u^+ = y^+ \tag{7.47}$$

即黏性底层中无量纲速度与无量纲距离间呈线性关系。

2）湍流核心区的速度分布

在黏性底层以外，黏性应力逐渐减弱，雷诺应力逐渐增大。在湍流核心区，雷诺应力远大于黏性应力。但为了简化问题，仍然忽略湍流核心区内的雷诺应力，假设各处应力都等于壁面应力

$$\tau = \tau_w = \text{const} \tag{7.48}$$

根据牛顿黏性定律和混合长度理论有：

$$\tau = \rho l^2 \left| \frac{d\overline{u}}{dy} \right| \frac{d\overline{u}}{dy} = \rho (\kappa y)^2 \left(\frac{d\overline{u}}{dy} \right)^2 = \tau_w \tag{7.49}$$

引入摩擦速度后，式（7.49）可以改写为

$$\kappa y \frac{d\overline{u}}{dy} = u^* \tag{7.50}$$

积分上式可得

$$\frac{\overline{u}}{u^*} = \frac{1}{\kappa} \ln y + C_1 \tag{7.51}$$

利用边界条件，求得积分常数 C_1，写成无量纲的形式为

$$u^+ = \frac{1}{\kappa}\ln y^+ + C \tag{7.52}$$

3）过渡区的速度

在过渡区，由于黏性应力和湍流应力具有相同的量级，因此难以进行理论分析，但是实验发现，过渡区中的速度分布也可以用湍流核心区中的速度分布表示。

4）通用速度分布

以上速度分布是光滑壁面上的，如图 7-10 所示，实验表明其结果也可以用于光滑圆管壁面附近的速度分布表达。尼古拉兹（J. Nikuradse）利用水力光滑管道实验测定式（7.52）中的系数 $\kappa = 0.4$，$C = 5.50$，因此，光滑圆管壁面附近的通用速度分布可以写成：

$$\begin{cases} \text{黏性底层} & 0 \leqslant y^+ < 5, & u^+ = y^+ \\ \text{湍流核心区} & y^+ > 30, & u^+ = 2.5\ln y^+ + 5.5 \end{cases} \tag{7.53}$$

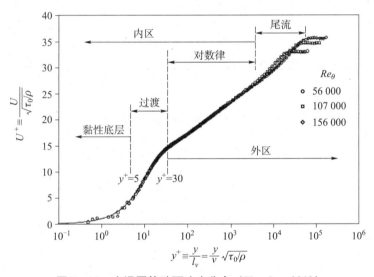

图 7-10　光滑圆管壁面速度分布（Kundu，2012）

由于黏性底层只在临近管壁很薄的流体层中，因此可以采用湍流核心区的速度分布来计算圆管中的平均速度 u_a，注意到以上公式中 y 是由壁面为坐标原点沿径向的距离，其与从管道中心算起的距离 r 的关系是 $y = R - r$，这里 R 为管道半径，因此

$$u_a = \frac{q_V}{\pi R^2} = \frac{1}{\pi R^2}\int_0^R \bar{u} 2\pi r dr = \frac{u^*}{R^2}\int_0^R u^+ r dr = \frac{u^*}{R^2}\int_0^R \left(2.5\ln\frac{R-r}{y^*} + 5.5\right) r dr \tag{7.54}$$

积分式（7.54）得

$$\frac{u_a}{u^*} = 2.5\ln\frac{R}{y^*} + 1.75 \tag{7.55}$$

由式（7.53）可知，光滑圆管中的最大速度出现在圆管的中心线（$y = R$）上，即

$$\frac{u_{max}}{u^*} = 2.5\ln\frac{R}{y^*} + 5.5 \tag{7.56}$$

5）光滑圆管中的湍流阻力系数

对水平圆管内充分发展湍流流动，压力对流体的推动力与管壁摩擦阻力相平衡，即

$$\Delta P \frac{\pi D^2}{4} = \tau_{\mathrm{w}} \pi L D \tag{7.57}$$

对等直径管道流动，通过量纲分析其沿程阻力损失 h_f 可以成：

$$h_{\mathrm{f}} = \lambda \, \frac{L}{D} \cdot \frac{u_{\mathrm{a}}^2}{2g} \tag{7.58}$$

对水平等直径管道，利用伯努利方程可得：

$$h_{\mathrm{f}} = \frac{\Delta P}{\rho g} = \lambda \, \frac{L}{D} \cdot \frac{u_{\mathrm{a}}^2}{2g} \Rightarrow \Delta P = \lambda \, \frac{L}{D} \cdot \frac{\rho u_{\mathrm{a}}^2}{2} \tag{7.59}$$

根据式（7.59），得

$$\Delta P = \frac{4 \tau_{\mathrm{w}} L}{D} = 8 \, \frac{\tau_{\mathrm{w}}}{\rho u_{\mathrm{a}}^2} \cdot \frac{L}{D} \cdot \frac{\rho u_{\mathrm{a}}^2}{2} = 8 \left(\frac{u^*}{u_{\mathrm{a}}} \right)^2 \frac{L}{D} \cdot \frac{\rho u_{\mathrm{a}}^2}{2} \tag{7.60}$$

与式（7.59）对比，得光滑圆管湍流的沿程阻力系数为

$$\lambda = 8 \left(\frac{u^*}{u_{\mathrm{a}}} \right)^2 \tag{7.61}$$

将光滑圆管湍流平均速度公式（7.55）代入式（7.61），简化后得到光滑圆管的沿程阻力系数公式：

$$\frac{1}{\sqrt{\lambda}} = 0.884 \ln (Re \sqrt{\lambda}) - 0.91 \tag{7.62}$$

将式（7.62）中的自然对数 ln 化为以 10 为底的常用对数 lg，有

$$\frac{1}{\sqrt{\lambda}} = 2.035 \lg (Re \sqrt{\lambda}) - 0.913 \tag{7.63}$$

经实验数据修正未考虑黏性底层的误差，得到普朗特—施里希廷阻力系数公式：

$$\frac{1}{\sqrt{\lambda}} = 2.0 \lg (Re \sqrt{\lambda}) - 0.8 \tag{7.64}$$

讨论

（1）由式（7.55）和式（7.56）可以得到最大流速、平均速度随雷诺数的变化关系，如图 7 - 11 所示。

当 $Re_{\mathrm{D}} = 5 \times 10^3$ 时，$\bar{u}_{\max} / u_{\mathrm{a}} \approx 1.3$；当 $Re_{\mathrm{D}} = 3 \times 10^6$ 时，$\bar{u}_{\max} / u_{\mathrm{a}} \approx 1.15$；当层流状态时，最大流速是平均速度的两倍。可见，湍流的平均速度在圆管中心大部分平坦而壁面附近陡峭（速度梯度大）。雷诺数越大，平坦的区域越大。

（2）普朗特—施里希廷阻力系数公式虽然较为准确地给出了阻力系数的表达，但它是一个隐式，求解不方便。根据圆管中平均速度的分布特点，可以用幂次关系近似描述：

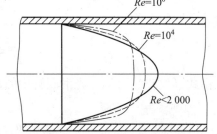

图 7 - 11　平均速度与雷诺数的关系

$$\frac{\overline{u}}{\overline{u}_{\max}} = \left(\frac{y}{R}\right)^n \tag{7.65}$$

H. 布拉修斯以实验结果为基础，得到沿程阻力系数的经验公式 $\lambda = 0.3164 Re_D^{-\frac{1}{4}}$，此时 $n = \frac{1}{7}$。此时的速度分布为

$$\frac{\overline{u}}{\overline{u}_{\max}} = \left(\frac{y}{R}\right)^{\frac{1}{7}} \tag{7.66}$$

即著名的圆管湍流的 1/7 次方定律。

3. 粗糙圆管中的湍流

1）粗糙圆管中的湍流速度

粗糙圆管中，所有粗糙峰都高出黏性底层，突入湍流核心区，对湍流核心区的速度分布有显著影响，因此湍流核心区的速度分布与壁面粗糙度密切相关。尼古拉兹的实验还表明，不论对光滑或粗糙的圆管，其湍流核心区的时均速度剖面都服从对数律，因此，粗糙圆管中的速度分布可以写为

$$\frac{\overline{u}}{u^*} = 2.5\ln\frac{y}{y^*} + B \tag{7.67}$$

普朗特—施里希廷由实验得到，对粗糙度为 Δ 的圆管，式（7.67）中 B 可以写为

$$B = 5.5 - 2.5\ln\left(1 + 0.3\frac{\Delta}{y^*}\right) \tag{7.68}$$

当 $\frac{\Delta}{y^*} > 70$ 时，B 可以近似写为：$B = 5.5 - 2.5\ln\left(0.3\frac{\Delta}{y^*}\right) = 8.5 - 2.5\ln\left(\frac{\Delta}{y^*}\right)$，此时速度分布为

$$\frac{\overline{u}}{u^*} = 2.5\ln\frac{y}{\Delta} + 8.5 \tag{7.69}$$

例 7-3　圆管内定常湍流流动，已知空气运动黏度 $\nu = 1.5 \times 10^{-5}$ m²/s，密度 $\rho = 1.2$ kg/m³，管径 $D = 0.14$ m，体积流量 $Q = 6.4 \times 10^{-2}$ m³/s，单位长度上的压降为 1.77 Pa/m。求壁面上的摩擦切应力、壁面摩擦速度以及圆管轴线上的速度。

解：式 $\tau_w = \frac{1}{2} \cdot \frac{\Delta P}{l} R$ 也同样适用于湍流时均流动

得

$$\tau_w = \frac{1}{2} \cdot \frac{\Delta P}{l} \cdot \frac{D}{2} = 0.062 \text{ N/m}^2$$

根据壁面摩擦速度的定义

$$u^* = \sqrt{\frac{\tau_w}{\rho}} = 0.227 \text{ m/s}$$

根据湍流核心区速度分布公式

$$\frac{\overline{u}}{u^*} = 2.5\ln\frac{y}{y^*} + 5.5$$

于是
$$\frac{u_{max}}{u^*} = 2.5\ln\frac{R}{y^*} + 5.5 = 2.5\ln\left(\frac{D}{2}\cdot\frac{u^*}{\upsilon}\right) + 5.5 = 22.9$$

$$u_{max} = 22.9u^* = 5.2 \ \text{m/s}$$

2）粗糙圆管中的湍流阻力系数

利用式（7.61）可得

$$\frac{\Delta}{y^*} = \frac{u^*\Delta}{\upsilon} \equiv \frac{\bar{u}_a D}{\upsilon}\cdot\frac{u^*}{\bar{u}_a}\cdot\frac{\Delta}{D} \equiv Re\frac{\sqrt{\lambda}}{2\sqrt{2}}\cdot\frac{\Delta}{D}$$

类似光滑圆管中的做法，可得阻力系数 λ 的科尔布鲁克公式

$$\frac{1}{\sqrt{\lambda}} = 1.14 - 2\lg\left(\frac{9.35}{Re\sqrt{\lambda}} + \frac{\Delta}{D}\right) \qquad (7.70)$$

当$\frac{\Delta}{y^*} > 70$，即完全粗糙管时，$\frac{\Delta}{D} \approx \frac{140\sqrt{2}}{Re\sqrt{\lambda}}$，式（7.70）可以简化为

$$\frac{1}{\sqrt{\lambda}} = 1.14 - 2\lg\left(\frac{\Delta}{D}\right) \qquad (7.71)$$

对于湍流时均流动，其沿程阻力系数由实验研究确定。国内外都对此进行了大量的实验研究，得出了具有实用价值的曲线图，也归纳出部分经验或半经验公式。

3）尼古拉兹曲线

1933年尼古拉兹对管路的沿程阻力进行了全面的实验研究。该实验过程如下：用不同直径的六根玻璃管，并把经过筛选后的不同粒径的均匀砂粒分别粘贴到玻璃管的内壁上，形成人工粗糙管道，针对不同流量，进行系列实验。

尼古拉兹曲线（图7-12）采用双对数坐标，横坐标为 Re，纵坐标为 λ，$\frac{\Delta}{d}$ 为参变量。

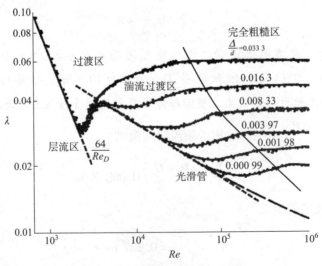

图7-12　尼古拉兹阻力系数图

实验曲线分以下几个区域：

层流区。$Re < 2\,100$，流动为层流，六条人工粗糙的曲线全部重合，说明沿程阻力系数 λ 与相对粗糙度 $\dfrac{\Delta}{d}$ 无关，仅是雷诺数的函数，即 $\lambda = f(Re)$。理论分析与实验结果完全吻合。

层流向湍流的过渡区。当 $2\,100 < Re < 4\,000$ 时，是层流向湍流过渡的区域。λ 值仅与 Re 有关，与 $\dfrac{\Delta}{d}$ 无关。由于流动状态的改变，故 λ 呈增长趋势，在这个区域，目前尚无合理的经验公式。

湍流水力光滑管区。此时，黏性底层较厚，淹没了管壁的绝对粗糙度 Δ，即 $\delta_0 > \Delta$，为水力光滑管，所以，$\lambda = f(Re)$，与 Δ 无关。

过渡区。随着 Re 继续增加，黏性底层的厚度逐步下降，以至于 δ_0 已掩盖不了 Δ，则原先水力光滑的管子相继变为水力粗糙管，此时，$\lambda = f\left(Re, \dfrac{\Delta}{d}\right)$。

完全粗糙区。随着 Re 的上升，黏性底层的厚度 δ_0 继续变薄，$\delta_0 \ll \Delta$，黏性底层的作用可以忽略，即壁面阻力的大小完全取决于管壁的粗糙度。这是因为，当湍流绕过壁面的凸出高度 Δ 时，形成许多小旋涡，沿程损失则主要是由这些小旋涡造成，λ 值近似为一组平行于横坐标的直线，说明此时的 λ 仅与 $\dfrac{\Delta}{d}$ 有关，而与 Re 无关，即 $\lambda = f\left(\dfrac{\Delta}{d}\right)$。因为 $h_f = \lambda \dfrac{l}{d} \cdot \dfrac{v^2}{2g}$，所以，$h_f \propto v^2$，故该区域称为平方阻力区。在平方阻力区，只要两组流动的 $\dfrac{\Delta}{d}$ 相等，且雷诺足够大时，则 λ 就自动相等，而不必要求两组流动的 Re 相等，故平方阻力区又称为自模化区。

4）莫迪图

尼古拉兹实验虽然给出了管道的沿程损失数 λ 与雷诺数 Re 之间的关系曲线。但是，尼古拉兹曲线是在人工粗糙的管道上进行实验的，而实际上，工业管道的内壁粗糙度不可能像经过筛选的砂粒那样分布得如此均匀。为此，莫迪（Moody）以科尔布鲁克公式为基础，用工业管道进行类似实验，得出了莫迪图。

如图 7-13 所示，莫迪图也是采用双对数坐标，其中横坐标为 Re，纵坐标为 λ，参变量为相对粗糙度 $\dfrac{\Delta}{d}$，各种常见材料的粗糙度见表 7-1。莫迪图对光滑管和粗糙管内的层流和湍流流动均适用。与尼古拉兹曲线相似，莫迪图也大致可以分为以上五个区。与尼古拉兹曲线不同的是，莫迪图的粗糙管过渡区中 λ 随 Re 的增加而下降，而尼古拉兹曲线的粗糙管过渡区中 λ 随 Re 的增加而增加。实际工业管道这一区域中 λ 的计算应该根据莫迪图查取，而尼古拉曲线在这一区域对工业管道是完全不适用的，这一点应该予以注意。

5）阻力系数的经验公式

关于计算 λ，除了用莫迪图查取外，还可以利用一些经验公式计算。如：

（1）适用于光滑管的布拉修斯（Blasius）式：

$$\lambda = \frac{0.316\,4}{Re^{0.25}} \tag{7.72}$$

其适用范围为 $Re = 5 \times 10^3 \sim 10^5$。由 $h_f = \lambda \dfrac{l}{d} \cdot \dfrac{v^2}{2g}$，可看出：$h_f \propto v^{1.75}$。此时能量损失 h_f 约与速度 u 的 1.75 次方成正比。

表 7 - 1　各种常见材料的粗糙度

材料	成型条件	粗糙度/mm
钢材	新板材	0.05
铁	新不锈钢	0.002
	商品钢材	0.046
	焊接的	3
	生锈的	2
	新铸铁	0.26
	锻造的	0.046
	电镀的	0.15
	涂油的	0.12
铜	拉制	0.002
塑料管	拉制	0.001 5
混凝土	抛光	0.04
橡皮	抛光的	0.01
木材	压制的	0.5

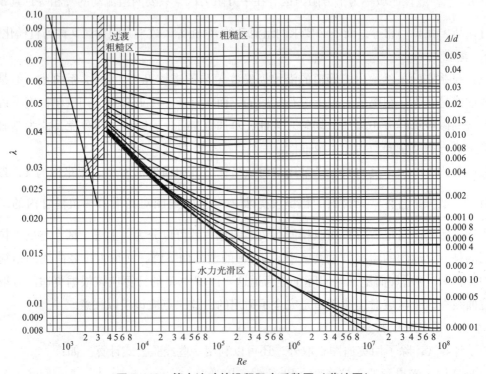

图 7 - 13　管内流动的沿程阻力系数图（莫迪图）

（2）科尔布鲁克（Colebrook）式

$$\frac{1}{\sqrt{\lambda}} = 2\lg\left(\frac{\Delta/d}{3.7} + \frac{2.51}{Re\sqrt{\lambda}}\right) \tag{7.73}$$

式（7.73）称为科尔布鲁克公式，对整个湍流过程全部适用，故又称为湍流综合公式。但科尔布鲁克是个隐式，求解较困难，可借助于电子计算机解决这一问题。由于该式适用范围较广，所以在工程上广泛应用。

（3）哈兰德（Harland）式

$$\frac{1}{\sqrt{\lambda}} = -1.8\lg\left[\left(\frac{\Delta/d}{3.7}\right)^{1.1} + \frac{6.9}{Re}\right] \tag{7.74}$$

式中，λ 为显函数，计算比较方便。它也适用于整个湍流区域。

除上述公式之外，计算 λ 的经验公式还有许多，我们这里不一一介绍，有兴趣的读者可参看流体阻力手册或有关流体力学著作。对于涉及能量损失的管道流动问题，利用莫迪图及经验公式基本可以解答。

管道流动问题主要可以分为三类：

①已知管道直径和长度、流量（或速度）、流体的密度和黏度，求能量损失；

②已知管道直径和长度、能量损失、流体的密度和黏度，求流量（或速度）；

③已知管道长度、能量损失、流量（或速度）、流体的密度和黏度，求管径。

例 7-4　第一类问题：设用内径为 152 mm 的新铸铁管输送汽油，体积流量为 600 m^3/h。试求管中的速度分布和单位管长的压降。其中汽油的运动黏度为 $\upsilon = 0.35 \times 10^{-6}$ m^2/s，密度为 $\rho = 720$ kg/m^3。

解： 管中的平均流速

$$\bar{u}_a = \frac{Q}{\frac{\pi}{4}d^2} = \frac{600/3\,600}{\frac{\pi}{4} \times 0.152^2} = 9.19 \text{ （m/s）}$$

雷诺数

$$Re = \frac{u_a d}{\upsilon} = \frac{9.19 \times 0.152}{0.35 \times 10^{-6}} = 3.99 \times 10^6$$

查表得圆管的绝对粗糙度 $\Delta = 0.26$ mm，相对粗糙度为

$$\frac{\Delta}{d} = \frac{0.26}{152} = 0.001\,7$$

查莫迪图可得

$$\lambda = 0.023$$

壁面切应力

$$\tau_w = \frac{1}{8}\lambda\rho\bar{u}_a^2 = \frac{1}{8} \times 0.023 \times 720 \times 9.19^2 = 174.8\,(\text{Pa})$$

由于

$$\frac{\Delta}{y^*} = \frac{\Delta}{\upsilon} \frac{\sqrt{\tau_w/\rho}}{\upsilon} = \frac{0.3 \times 10^{-3} \sqrt{174.8/720}}{0.35 \times 10^{-6}} = 422.4 > 70$$

此时管道处于完全粗糙区，其速度分布可以表达为

$$\bar{u} = u^* \left(2.5 \ln \frac{y}{\Delta} + 8.5 \right) = \sqrt{164.1/650} \left(2.5 \ln \frac{y}{0.3 \times 10^{-3}} + 8.5 \right) = 1.3 \ln y + 14.97$$

单位管长的压降

$$\frac{\Delta P}{l} = \frac{4\tau_w}{d} = \frac{4 \times 174.8}{0.152} = 4\,600 \, (\text{Pa/m})$$

例 7-5 第一类问题：分别计算下列各种情况下，流体流过 $\phi 76$ mm、长 10 m 的水平钢管的能量损失、压头损失及压力损失。

（1）密度为 910 kg/m³、黏度为 72×10^{-3} Pa·s 的油品，流速为 1.1 m/s；

（2）20 ℃的水，流速为 2.2 m/s。

解：（1）油品：

$$Re = \frac{\rho u_a d}{\mu} = \frac{0.07 \times 910 \times 1.1}{72 \times 10^{-3}} = 973 < 2\,100$$

流动为层流。摩擦系数可从莫迪图上查取，也可用式 $\lambda = \frac{64}{Re}$ 计算：

$$\lambda = \frac{64}{Re} = \frac{64}{973} = 0.065\,8$$

能量损失：

$$h_f = \lambda \frac{l}{d} \cdot \frac{u_a^2}{2g} = 0.065\,8 \times \frac{10}{0.07} \times \frac{1.1^2}{2 \times 9.8} = 0.58 \, (\text{m})$$

压力损失：

$$\Delta p = \rho g h_f = 910 \times 9.8 \times 0.58 = 5\,178 \, (\text{Pa})$$

（2）20 ℃水的物性：$\rho = 988.2$ kg/m³，$\mu = 1.005 \times 10^{-3}$ Pa·s

$$Re = \frac{\rho u_a d}{\mu} = \frac{988.2 \times 2.2 \times 0.07}{1.005 \times 10^{-3}} = 1.53 \times 10^5 > 4\,000$$

流动为湍流。取钢管的绝对粗糙度 Δ 为 0.2 mm，则相对粗糙度 $\frac{\Delta}{d} = \frac{0.2}{70} = 0.002\,86$，查莫迪图，得 $\lambda = 0.027$。

能量损失 $\qquad h_f = \lambda \frac{l}{d} \cdot \frac{u_a^2}{2g} = 0.027 \times \frac{10}{0.07} \times \frac{2.2^2}{2 \times 9.8} = 0.95 \, (\text{m})$

压力损失 $\qquad \Delta p = \rho g h_f = 998.2 \times 9.8 \times 0.95 = 9\,313 \, (\text{Pa})$

例 7-6 第二类问题：密度为 950 kg/m³、运动黏度为 2.0×10^{-5} m²/s 的油品流经一个长 100 m、直径为 30 cm 的管道，油品的能量损失为 8 m。已知管道的相对粗糙度比为 0.000 2。求油品的平均速度和流量率。

解： $h_f = \lambda \frac{l}{d} \cdot \frac{u_a^2}{2g} \Rightarrow u_a = \sqrt{\frac{2gh_f d}{l\lambda}} = \sqrt{\frac{2 \times 9.8 \times 8 \times 0.3}{100\lambda}} = \frac{0.686}{\sqrt{\lambda}}$

由于阻力系数是平均速度（雷诺数）的函数，因此，需要对上式进行迭代计算：

估计阻力系数的初值 $\lambda_1 = 0.014$ ，$u_{a1} = \dfrac{0.686}{\sqrt{\lambda}} = 5.80 \ \text{m/s}$ ，$Re_1 = \dfrac{u_a d}{v} = 87\ 000$ 。

查莫迪图或用科尔布鲁克公式，$Re_1 = \dfrac{u_a d}{v} = 87\ 000$ 时，解得 $\lambda_2 = 0.019\ 47$ 。

当 $\lambda_2 = 0.019\ 47$ 时，$u_{a2} = \dfrac{0.686}{\sqrt{\lambda}} = 4.91\ \text{m/s}$ ，$Re_2 = \dfrac{u_a d}{v} = 73\ 700$ ，继续查莫迪图，$Re_2 = \dfrac{u_a d}{v} = 73\ 700$ 时，解得 $\lambda_3 = 0.020\ 1$ 。

当 $\lambda_3 = 0.020\ 1$ 时，$u_{a3} = \dfrac{0.686}{\sqrt{\lambda}} = 4.84\ \text{m/s}$ ，$Re_3 = \dfrac{u_a d}{v} = 72\ 600$ ，继续查莫迪图，$Re_2 = \dfrac{u_a d}{v} = 72\ 600$ 时，解得 $\lambda_4 = 0.020\ 1$ ，迭代结束。

即流速 $$u_a = 4.84\ \text{m/s}$$

$$Q = \frac{\pi}{4} d^2 u_a = \frac{\pi}{4} \times 0.3^2 \times 4.84 = 0.342\ (\text{m}^3/\text{s})$$

例 7-7   第三类问题，例 7-6 的反例。假设 Q 为 0.342 m^3/s ，密度为 950 kg/m^3 ，运动黏度为 2.0×10^{-5} m^2/s 的油品流经一个长 100 m、绝对粗糙度为 0.06 mm 的管道，但管径未知，油品的能量损失为 8 m，求管道直径。

解：$h_f = \lambda \dfrac{l}{d} \cdot \dfrac{u_a^2}{2g} = \lambda \dfrac{l}{d} \cdot \dfrac{\left(\dfrac{Q}{\frac{\pi}{4} d^2} \right)^2}{2g} \Rightarrow d = \sqrt[5]{\dfrac{8\lambda l Q^2}{g \pi^2 h_f}} = 0.655 \sqrt[5]{\lambda}$

雷诺数 $Re = \dfrac{u_a d}{v} = \dfrac{Q}{\frac{\pi}{4} d^2} \times \dfrac{d}{v} = \dfrac{21\ 800}{d}$

相对粗糙度 $\dfrac{\Delta}{d} = \dfrac{6 \times 10^{-5}}{d}$

进行迭代计算：

首先估计阻力系数的初值 $\lambda_1 = 0.03$ ，得到 $d_1 = 0.655 \sqrt[5]{\lambda} = 0.325$ ，$Re_1 = \dfrac{21\ 800}{d} = 67\ 000$ ，$\dfrac{\Delta}{d} = 1.85 \times 10^{-4}$ 。

查莫迪图或用科尔布鲁克公式，$Re_1 = 67\ 000$ ，$\dfrac{\Delta}{d} = 1.85 \times 10^{-4}$ 时，解得 $\lambda_2 = 0.020\ 3$ ；

当 $\lambda_2 = 0.020\ 3$ 时，$d_2 = 0.31$ ，$Re_2 = 72\ 500$ ，$\dfrac{\Delta}{d} = 2.0 \times 10^{-4}$ 。

继续查莫迪图，$Re_2 = 72\ 500$ ，$\dfrac{\Delta}{d} = 2.0 \times 10^{-4}$ 时，解得 $\lambda_3 = 0.020\ 1$ ；

当 $\lambda_3 = 0.020\,1$ 时，$d_2 = 0.3$，过程收敛，迭代结束，确定管径为 300 mm。

7.4　非圆形截面通道沿程损失的计算

7.4.1　当量直径

在工程中，除了圆形截面的管道外，非圆形截面的通道也经常用到。例如，通风系统中的风道，锅炉设备中的烟道、风道就是矩形截面。除此而外，某些换热器中还采用圆环形截面，锅炉尾部受热面（例如空气预热器）中采用管束等。所有这些非圆形截面通道的沿程损失，均可采用达西—威斯巴赫公式进行计算，即

$$h_{\mathrm{f}} = \lambda \frac{l}{d} \cdot \frac{v^2}{2g} \tag{7.75}$$

与圆形管道不同的是，对非圆形通道，式（7.75）中 d 用当量直径 d_{eq} 代替。

而当量直径定义为

$$d_{\mathrm{eq}} = \frac{4A}{x} = 4R \tag{7.76}$$

式中　A——过水截面面积；

　　　x——湿周；

　　　R——水力半径。

如图 7 – 14（a）所示，对充满流体的矩形截面管道：

$$d_{\mathrm{eq}} = \frac{4hb}{2(h+b)} = \frac{2hb}{h+b}$$

应用条件：长边长度 $\not> 8$ 倍短边长度。

如图 7 – 14（b）所示，充满流体的环形截面管道：

$$d_{\mathrm{eq}} = \frac{4\left(\dfrac{\pi}{4}d_2^2 - \dfrac{\pi}{4}d_1^2\right)}{\pi d_1 + \pi d_2} = d_2 - d_1$$

应用条件：$d_2 > 3d_1$。

如图 7 – 14（c）所示，充满流体的管束（流动为垂直于纸面方向的纵掠）：

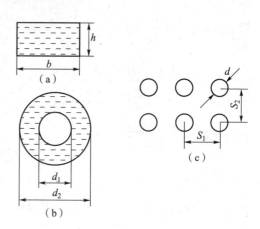

图 7 – 14　典型非圆形截面

$$d_{\mathrm{eq}} = \frac{4\left(S_1 S_2 - \dfrac{\pi}{4}d^2\right)}{\pi d} = \frac{4S_1 S_2}{\pi d} - d$$

实验证明，对正方形、长方形、三角形截面，使用当量直径，所获得的实验数据结果与圆管是很接近的，而长缝形、星形截面差别就较大，即非圆截面的形状与圆形偏差越小，运

用当量直径而产生的误差就越小。而对圆形截面 $d_{eq}=\dfrac{4\cdot\frac{\pi}{4}d^2}{\pi d}=d$，所以，圆形截面的当量直径就是圆的直径。但是当量直径只能用于计算阻力损失，不能用于计算通道流量、平均速度等参数。

7.4.2 阻力系数

对非圆管道，确定沿程阻力系数时，雷诺数和相对粗糙度中的直径用当量直径计算：

雷诺数 $Re=\dfrac{vd_{eq}}{\nu}$，相对粗糙度 $\dfrac{\Delta}{d}$ 用非圆管道的 $\dfrac{\Delta}{d_{eq}}$ 代替。

在此基础上，可以把建立在圆形截面管道上的公式与图表，近似地适用于非圆形通道了，即

$$h_f=\lambda\left(Re_{eq},\ \frac{\Delta}{d_{eq}}\right)\frac{l}{d_{eq}}\cdot\frac{v^2}{2g} \tag{7.77}$$

判定非圆形截面通道中流体流动状态的临界雷诺数仍然为 $Re_{eq,cr}=2\,100$。

在层流情况下，如果仍然采用圆管中的阻力系数 $\lambda=\dfrac{64}{Re}$，误差较大，此时应将其中的 64 进行修正，改写为

$$\lambda=\frac{C}{Re} \tag{7.78}$$

式中，C 为无量纲常数，它与截面形状有关，如正方形截面，$C=57$；等边三角形，$C=53$ 等，各种不同截面的修正系数可以查阅流体力学工程手册。

可以证明，过流截面面积相等，但形状不同的通道，湿周越短，当量直径越大，则沿程损失越小。因此，当其他条件相同时，正方形管道比矩形管道水头损失小，而圆形管道又比正方形管道水头损失小。从减少能量损失的观点来看，圆形截面是最佳的。

例 7-8 用镀锌钢板制成的矩形风道长 30 m，截面积为 $0.4\times1.0\ \mathrm{m^2}$，风速为 14 m/s，风温 $t=20\ ℃$，试求沿程损失。若风道入口截面 1 处的风压为 100×9.806 Pa，而风道出口截面 2 比截面 1 的位置高 10 m，求截面 2 处的风压。

解：风道的当量直径

$$d_{eq}=\frac{2ab}{a+b}=\frac{2\times0.4\times1.0}{0.4+1.0}=0.57\ （m）$$

20 ℃空气的运动黏度 $\upsilon=1.63\times10^{-5}\ \mathrm{m^2/s}$，故雷诺数 $Re=\dfrac{vd_{eq}}{\nu}=\dfrac{14\times0.57}{1.63\times10^{-5}}=489\,440$；

由于镀锌钢板的绝对粗糙度 $\Delta=0.15$ mm，则相对粗糙度 $\Delta/d_{eq}=0.15/570=0.000\,26$。

查莫迪图，$\lambda=0.013$，故沿程损失 $h_f=0.013\times\dfrac{30}{0.375}\times\dfrac{14^2}{2\times9.806}\approx10.4（m）$。

在等截面管道中动能没有变化，20 ℃空气的密度 $\rho=1.2\ \mathrm{kg/m^3}$，故由黏性总流的伯努

利方程$\dfrac{v_1^2}{2g}+\dfrac{P_1}{\rho g}+z_1=\dfrac{v_2^2}{2g}+\dfrac{P_2}{\rho g}+z_2+h_{\mathrm{f}}$，其中$z_1+10=z_2$，$v_1=v_2$，求得截面 2 处的压强。

$$P_2=P_1-\rho g(z_2-z_1)-\rho g h_{\mathrm{f}}$$
$$=100\times9.806-1.2\times9.806\times10-1.2\times9.806\times10.4\approx740.6(\,\mathrm{Pa})$$

7.5　管路中的局部损失

当流体流过阀门、变截面管道（例如管道截面突然扩大和缩小）、弯管等管件时，由于流动状态急剧变化，流体质点之间发生碰撞、产生旋涡等原因，在管件附近的局部范围内产生的能量损失，称为局部损失或局部阻力。局部损失通常用符号h_{j}来表示：

$$h_{\mathrm{j}}=\zeta\frac{v^2}{2g}\tag{7.79}$$

式中，v为管道截面的平均流速，单位 m/s；ζ为管件的局部损失系数，量纲为 1。局部损失系数主要靠实验测定，下面简单介绍几种常用管件的局部损失。

7.5.1　管道截面积大小变化

当管道截面积突然变化时，由于流线不能折转，因而在管壁的拐角处形成旋涡，并且不同流速的流体微团间会发生碰撞，碰撞和旋涡均会引起流体的能量损失。图 7 – 15 所示为局部阻力系数随管道截面积比的变化。

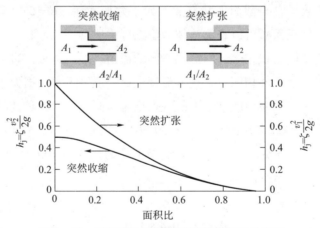

图 7 – 15　局部阻力系数随管道截面积比的变化

在两直管段间安装喷管或扩散管能够有效降低局部阻力损失，图 7 – 16 所示为管径比、渐扩角度对局部阻力系数的影响规律。结果表明：对一定的管径比，当$5°<2\theta<15°$时，局部阻力系数最小。但是当渐扩角度小于 5°时，渐扩段太长，会导致过大的摩擦阻力。角度大于 15°会引起流动分离，从而导致压力恢复差。表 7 – 2 所示为渐缩管的局部阻力系数。

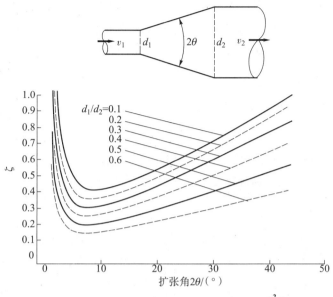

图 7 - 16 渐扩管的局部阻力系数 $\left(h_{\mathrm{j}} = \zeta \dfrac{v_1^2}{2g} \right)$

表 7 - 2 渐扩管的局部阻力系数 $\left(h_{\mathrm{j}} = \zeta \dfrac{v_2^2}{2g} \right)$

A_2/A_1	渐缩角 $\theta/(°)$						
	10	15 ~ 40	50 ~ 60	90	120	150	180
0.5	0.05	0.05	0.06	0.12	0.18	0.24	0.26
0.25	0.05	0.04	0.07	0.17	0.27	0.35	0.41
0.1	0.05	0.05	0.08	0.19	0.29	0.37	0.43

7.5.2 管道方向变化

弯管也是管路系统中的常用管件，它只改变流体的流动方向，不改变平均流速的大小。弯管的局部阻力主要包括两部分：旋涡损失；二次流损失。流体流过弯曲管道，流体质点受到惯性力的作用，流体质点被甩向管道的外侧（即管道内壁的凹面），使其压强升高，内侧（即管道内壁的凸面）压强降低，对不可压均质流体，在位能变化可忽略的情况下，由伯努利方程可知，机械能沿流线不变，所以，压强高的地方速度必然降低，反之，压强低的地方速度必然增大。由边界层理论可知，流体流过弯曲壁面时，在减速升压区，将会发生边界层分离形成旋涡，如图 7 - 17 所示。

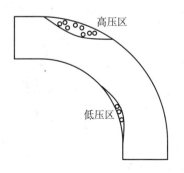

图 7 - 17 弯管处的旋涡示意图

在垂直于流动的平面内，弯管外侧的压强高于内侧的压强，另一方面，弯管上下两侧靠近壁面处由于流速较低，离心惯性力较小，因而压强也较小。这样，就形成了弯管某一截面沿壁面自外向内的压强降，结果形成了流体沿壁面自外向内的流动。由于连续性，在截面中轴上流体自内向外流动。从而在径向平面内形成了两个环流，即二次流，如图 7-18 所示。这个二次流与主流迭加在一起，使通过弯管的流体质点做螺旋运动，结果加大了通过管流体的能量损失。

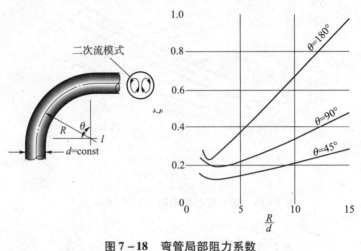

图 7-18 弯管局部阻力系数

实验证明，弯管的曲率半径 R 和管道内径 d 之比 R/d 对弯管局部损失系数 ζ 影响很大，如图 7-18 所示。

7.5.3 绕流阀门

工程中，由于工艺需要或负荷的变化，管道中流体的流量会发生变化。通常情况下，流量的调节主要通过改变管路中的各种阀门的开度来调节，即节流调节。用阀门调节流量迅速简单，然而，能量损失却很大，这是因为，流体绕流阀门时，在阀门前后形成旋涡。而旋涡的产生与维持旋转必然消耗流体的能量，即所谓节流损失。图 7-19 所示为工程中常用的各类阀门示意图。阀门开度是影响流体能量损失最重要的因素，表 7-3 所示为常见阀门在全开条件下的局部阻力系数。随着开度的减少，部分开启阀门的损失可能更高。阀门的设计和制造工艺水平是影响局部损失的重要因素。

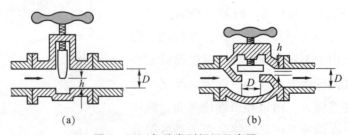

图 7-19 各种类型阀门示意图

（a）闸阀；（b）球阀

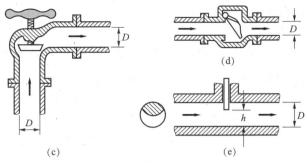

图7-19 各种类型阀门示意图（续）

（c）旋启式止回阀；（d）圆盘式闸阀；（e）角阀

表7-3 常见阀门的阻力系数（全开）

类别	螺纹连接				法兰连接				
公称直径/in[①]	1/2	1	2	4	1	2	4	8	20
球阀	14	8.2	6.9	5.7	13	8.5	6	5.8	5.5
闸阀	0.3	0.24	0.16	0.11	0.8	0.35	0.16	0.07	0.03
旋启式止回阀	5.1	2.9	2.1	2	2	2	2	2	2
角阀	9	4.7	2	1	4.5	2.4	2	2	2

实际上，大多数局部损失系数的确定主要靠实验，工程设计和计算时，可查阅有关流体阻力手册。

7.5.4 关于能量损失的讨论

前面，我们人为地把能量损失分为沿程损失与局部损失，沿程损失是在均直管道中的，而局部损失是由于管道截面变化引起的，从表面上看，引起上述两种能量损失的原因不同。但是本质上，引起上述两种损失的原因没有本质区别，那就是它们都是由于流体的黏滞性作用、湍流脉动等，导致的切应力耗散。

例7-9 利用水泵把水从水面高度相差30 m的一个水池输送到另一个水池，如图7-20所示，已知水的流量为10 m^3/h，水的密度为1 000 kg/m^3，运动黏度为1×10^{-6} m/s^2，管道直径为5 cm，总管长100 m，相对粗糙度为0.001。计算所需的泵功率。

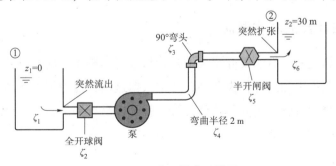

图7-20 水泵输水系统图

---

① 英寸，1 in = 0.025 4 m。

解：列出两水池液面的伯努利方程

$$z_1 + \frac{P_1}{\rho g} + \frac{v_1^2}{2g} = z_2 + \frac{P_2}{\rho g} + \frac{v_2^2}{2g} + h_f - h_p$$

式中，h_p 为水泵提供给系统的水头，$z_2 = z_1 + 30$，$P_1 = P_2$，$v_1 = v_2$。

$$h_f = \lambda \frac{l}{d} \cdot \frac{v^2}{2g} + \sum_{i=6}^{6} \zeta_i \frac{v^2}{2g} = \lambda \frac{l}{d} \cdot \frac{v^2}{2g} + \left(\sum_{i=6}^{6} \zeta_i \right) \frac{v^2}{2g}$$

因此，$h_p = z_2 - z_1 + h_f$。

流速
$$v = \frac{4Q}{\pi d^2} = \frac{4 \times 10}{\pi \times 0.05^2 \times 3\,600} = 1.4\,(\mathrm{m/s})$$

雷诺数
$$Re = \frac{vd}{\upsilon} = \frac{1.4 \times 0.05}{1.0 \times 10^{-6}} = 70\,000$$

根据雷诺数和相对粗糙度，查莫迪图得到沿程阻力系数 $\lambda = 0.02$。

局部阻力系数查表可得：

$\zeta_1 = 0.5$，$\zeta_2 = 6.9$，$\zeta_3 = 0.25$，$\zeta_4 = 0.95$，$\zeta_5 = 2.7$，$\zeta_6 = 1.0$，总局部阻力系数 $\sum_{i=6}^{6} \zeta_i =$ 12.3。

$$h_p = z_2 - z_1 + h_f = 30 + \left(0.2 \times \frac{100}{0.05} + 12.3 \right) \times \frac{1.4^2}{2 \times 9.8} = 71.2\,(\mathrm{m})$$

泵所需功率

$$N = \rho g Q h_p = 1\,000 \times 9.8 \times \frac{10}{3\,600} \times 71.2 = 1\,939.0\,(\mathrm{W})$$

7.6 管路计算

管路计算是工程设计与校核中经常遇到的一个问题，也是流体力学理论在工程中的一个重要应用。如石油、化工、水利、城市自来水供应，以及矿山通风、给排水、建筑等工程都会遇到管路计算的问题。

7.6.1 管路计算的基本概念

在介绍管路计算之前，有必要介绍一下长管与短管的概念。前面我们提到，管路系统的能量损失，包括沿程损失和局部损失两种，通常根据这两种能量损失在总能量损失中所占比例的大小，将管道分为长管与短管。所谓长管，就是以沿程损失为主，速度水头与局部损失之和小于沿程损失的 5%，即

$$\frac{1 + \sum \zeta}{\lambda \frac{l}{d}} < 5\% \tag{7.80}$$

此时，局部损失可忽略不计。否则就是短管，局部损失不能忽略。

在进行管路的水力计算时，主要涉及四个参数：管路通过的流量 Q、管路长度 l、管路总水头 H（或总能量损失 h_w）、管内径 d。管路计算的任务主要分三类：

（1）已知 Q、H（或 h_w）、l 求 d，即确定管道直径。

这类问题在工程上反映为：当管路走向已定，泵或供水（或其他流体）装置已经选定，此时，选用多大直径的管子才能确保供应流量为 Q 的流体。

（2）已知 Q、l、d 求 H（或 h_w），即求管路的总水头或总能量损失，也可归结为求维持管路流动所需的总功率 $N = \rho gQH$。工程中，给水、排水泵的选择，即为此类问题。

（3）已知 d、l、H（或 h_w）求 Q。即校核给定管路的流量。在给水管路系统中，某台水泵的扬程为 E，而实际需要的总水头为 H，是否满足需要。

用于管路计算的公式主要有：

（1）连续方程

$$Q = VA = V_1A_1 = V_2A_2 = \cdots = V_nA_n = 常数$$

（2）伯努利方程

$$z_1 + \frac{p_1}{\rho g} + \frac{v_1^2}{2g} = z_2 + \frac{p_2}{\rho g} + \frac{v_2^2}{2g} + h_w - E$$

式中，E 为管路系统的外加能量，例如管路中串联一台泵，则 E 为泵的扬程。

（3）管路能量损失公式

$$h_w = \sum h_f + \sum h_j$$

式中，$h_f = \lambda \frac{l}{d} \cdot \frac{v^2}{2g}$，$h_j = \zeta \frac{v^2}{2g}$。

7.6.2 管路系统

工业过程中，管道的形式多样、复杂。从连接形式上，可以把管路进行以下分类：

1. 简单管路

简单管路就是管路直径不变，没有支管分出的管路，本章前面所介绍的都是简单管路。在简单管路中流速沿流程不变。对于简单管路，连续方程为

$$Q = VA = \text{const} \tag{7.81}$$

管路能量损失公式为

$$h_w = \left(\lambda \frac{l}{d} + \sum \zeta \right)\frac{v^2}{2g} \tag{7.82}$$

2. 串联管路

所谓串联管路是由几段不同管径的简单管路串联而成，如图 7-21（a）所示。串联管路有以下两个特点：

（1）串联管路的总能量损失等于各简单管路的能量损失之和。即

$$h_w = h_{w1} + h_{w2} + \cdots$$

$$= \left(\lambda_1 \frac{l_1}{d_1} + \sum \zeta_1\right)\frac{v_1^2}{2g} + \left(\lambda_2 \frac{l_2}{d_2} + \sum \zeta_2\right)\frac{v_2^2}{2g} + \cdots \tag{7.83}$$

（2）串联管路的总流量沿流程不变。

$$\left. \begin{array}{l} Q = Q_1 = Q_2 = Q_n = \mathrm{const} \\ V_1A_1 = V_2A_2 = V_nA_n = \mathrm{const} \end{array} \right\} \tag{7.84}$$

串联管路与简单管路的计算没有实质区别，计算方法相同。

3. 并联管路

几条简单管路或串联管路的入口端与出口端分别连接在一起，这样的管路就称为并联管路，如图 7 - 21（b）所示。工业过程中的换热器管道，楼栋里的自来水管、暖气管都可以看成并联管路。

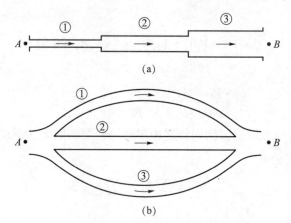

图 7 - 21　串并联管道示意图

（a）串联管路；（b）并联管路

并联管路有如下特点：

（1）并联管路中各支管的能量损失相等。

即
$$h_{w1} = h_{w2} = h_{w3} = h_w \tag{7.85}$$

而各支管的能量损失按简单管路或串联管路计算，对图 7 - 21（b）而言，则有

$$\left(\lambda_1 \frac{l_1}{d_1} + \sum \zeta_1\right)\frac{v_1^2}{2g} = \left(\lambda_2 \frac{l_2}{d_2} + \sum \zeta_2\right)\frac{v_2^2}{2g} = \left(\lambda_3 \frac{l_3}{d_3} + \sum \zeta_3\right)\frac{v_3^2}{2g} \tag{7.86}$$

需要提出的是，各支管的能量损失相等，仅表示流过各支管单位重量流体的能量损失相等，而通过各支管的流量可能不同。因此，通过各支管的总能量损失（$\rho g Q_i h_{wi}$）很可能不等。

（2）并联管路的总流量等于各支管分流量之和，即

$$Q = Q_1 + Q_2 + Q_3 \text{ 或 } VA = V_1A_1 + V_2A_2 + V_3A_3 \tag{7.87}$$

对并联管路的计算，往往是很复杂和烦琐的，这是因为各支管的流量还不知，在不知道管道流量（或流速）的情况下，则无法确定式（7.86）中 λ 值。所以，实际计算中通常采用逐次逼近法，即先假定一个流量，求出相应的 λ 值和各支管流量的大小，然后比较假定

值与计算值之差，若有差别再假定第二次流量数值，重复计算，直到两者比较接近，误差满足要求为止。由于计算工作较为烦琐，往往采用计算机进行。

4. 管网

除了简单管路、串并联管路外，在工程中，还有一些较为复杂的管路系统，由若干管道相互连接组成的一些环形回路，而从每一个节点流出的流量可分别来自不同的环形回路，即管网，如图 7－22 所示。

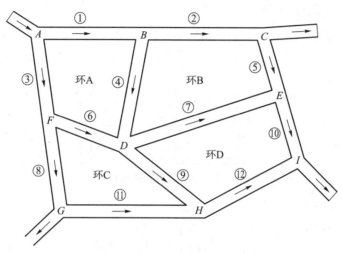

图 7－22　管网系统示意图

管网的计算复杂，通常要通过重复试算的方法来求解。对管网的计算，必须满足下列两个基本原则：

（1）通过任一节点，流入与流出量相等，即

$$Q_{i入} = Q_{i出}$$

如果规定流入节点的流量为正，流出节点的流量为负，上式也可改写成

$$\sum Q_i = 0$$

即通过任一节点的净流量等于零。其中 i 为节点的序号，$i=1，2，3\cdots$

（2）围绕任一闭合回路的净水头损失等于零。即

$$\sum h_{fj} = 0$$

式中，j 为闭合回路的序号，$j=1，2，3\cdots$。规定，顺时针方向流动的水头损失为正，逆时针方向流动的水头损失为负。这实际上和计算并联管路的原则相同，故有

$$\sum h_{fj顺时针} = \sum h_{fj逆时针}$$

总结上述，对环状管网，其计算步骤如下：

（1）将管网分成若干个回路。合理分配流量，由经济流速确定管径，并使任一节点满足 $\sum Q_i = 0$。

（2）分别计算某一回路中的 $\sum h_{f顺} = \sum h_{f逆}$。

流体力学基础

（3）当 $\sum h_{f顺}$ 与 $\sum h_{f逆}$ 的数值差别较大时，计算修正流量 ΔQ。

（4）将修正后的流量代入再求 $\sum h_{f顺}$ 与 $\sum h_{f逆}$，并重复计算 ΔQ，直至 ΔQ 的值很小达到精度要求或 $\sum h_{f顺} = \sum h_{f逆}$ 时为止。

环状管网的计算是相当烦琐的。目前，工程中已应用电子计算机来进行环状管网的水力计算，详细内容可参看有关管网计算的专门书籍和资料。

例 7 - 10 一并联管道系统如图 7 - 23 所示：$l_1 = 500$ m，$l_2 = 800$ m，$l_3 = 1\ 000$ m，$d_1 = 300$ mm，$d_2 = 250$ mm，$d_3 = 200$ mm，设总流量 $Q = 0.28$ m³/s（铸铁管）。求每一根管段的流量。

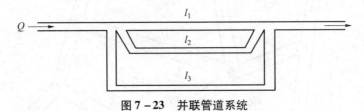

图 7 - 23 并联管道系统

解： 由各管的能量损失相等

因为 $\lambda_1 \dfrac{l_1}{d_1} \cdot \dfrac{1}{2g}\left(\dfrac{4Q_1}{\pi d_1^2}\right)^2 = \lambda_2 \dfrac{l_2}{d_2} \cdot \dfrac{1}{2g}\left(\dfrac{4Q_2}{\pi d_2^2}\right)^2 = \lambda_3 \dfrac{l_3}{d_3} \cdot \dfrac{1}{2g}\left(\dfrac{4Q_3}{\pi d_3^2}\right)^2$

得 $\dfrac{Q_2}{Q_1} = \sqrt{\dfrac{\lambda_1}{\lambda_2} \cdot \dfrac{l_1}{l_2}\left(\dfrac{d_2}{d_1}\right)^5}$，$\dfrac{Q_3}{Q_1} = \sqrt{\dfrac{\lambda_1}{\lambda_3} \cdot \dfrac{l_1}{l_3}\left(\dfrac{d_3}{d_1}\right)^5}$

又有 $Q_1 + Q_2 + Q_3 = Q$

铸铁的绝对粗糙度为 0.26 mm，估计三根管道中的流动都在完全粗糙区，各段的沿程阻力系数为

$$\lambda_1 = 0.019 \qquad \lambda_2 = 0.02 \qquad \lambda_3 = 0.022$$

可得：

管号	l_i	d_i	λ_i	系数	Q_i	v_i	Re_i	Δ/d_i	残差
1	500	300	0.019 0	1.00	0.11	1.62	482 289.92	8.67×10^{-4}	3.33%
2	800	250	0.019 5	0.49	0.06	1.16	286 309.54	1.04×10^{-3}	6.29%
3	1 000	200	0.020 0	0.25	0.03	0.91	180 933.13	1.30×10^{-3}	10.10%

继续以上次迭代结果计算，直到迭代残差小于 1%：

管号	l_i	d_i	λ_i	系数	Q_i	v_i	Re_i	Δ/d_i	残差
1	500	300	0.019 7	1.00	0.12	1.65	490 376.42	8.67×10^{-4}	-0.05%
2	800	250	0.020 8	0.48	0.05	1.12	277 160.61	1.04×10^{-3}	0.14%
3	1 000	200	0.022 2	0.24	0.03	0.87	171 554.23	1.30×10^{-3}	0.29%

管号	l_i	d_i	λ_i	系数	Q_i	v_i	Re_i	Δ/d_i	残差
1	500	300	0.019 6	1.00	0.12	1.65	490 571.72	8.67×10^{-4}	0
2	800	250	0.020 8	0.48	0.05	1.12	276 961.96	1.04×10^{-3}	0
3	1 000	200	0.022 3	0.24	0.03	0.86	171 308.30	1.30×10^{-3}	0.01%

管号	l_i	d_i	λ_i	系数	Q_i	v_i	Re_i	Δ/d_i	残差
1	500	300	0.019 6	1.00	0.12	1.65	490 571.72	8.67×10^{-4}	0
2	800	250	0.020 8	0.48	0.05	1.12	276 961.96	1.04×10^{-3}	0
3	1 000	200	0.022 3	0.24	0.03	0.86	171 308.30	1.30×10^{-3}	0

确定三根管道中的流量为

$$Q_1 = 0.12 \ \text{m}^3/\text{s}$$

$$Q_2 = 0.05 \ \text{m}^3/\text{s}$$

$$Q_3 = 0.03 \ \text{m}^3/\text{s}$$

7.7 管道水击现象

水击又称为水锤，当管道中液体的运动状态突然改变的情况下发生（例如阀门的突然关闭或突然开启，水泵的突然启动或停止，水轮机或液压油缸突然变化负载等）。由于流速突然发生迅速变化，结果由于流体惯性，必然引起管内压强的剧烈波动，即压强的突然上升与突然下降，并在整个管长范围内传播。压强突变使管壁产生振动，并伴有类似锤击之声，故将这种现象称为管内水击现象（或水锤现象）。当阀门迅速关闭时，管内流速急剧下降，压强迅速上升，称为正水击。正水击可能使管道爆裂。而当阀门迅速开启时，管内流速急剧上升，压强迅速下降，称为负水击。负水击可使管道产生真空和汽蚀，使管道变形。

水击现象所引起的压强上升，轻微时，只表现为噪声与振动，如学生宿舍水房中，水龙头的突然开启，会导致水管的振动；水击严重时，压强变化甚至可超过管内原有正常压强的几十倍甚至上百倍，以致超过了管壁材料的允许应力，造成管道和管件的变形，甚至破裂，如蒸汽机车气缸中水击会造成连杆的失效。所以，了解水击现象的发生、发展和消失过程，对避免、削弱水击所产生的危害是十分必要的。

7.7.1 水击产生的过程

如图 7-24 所示，有一长为 L 的管道，其进口（即管道的 B 端）与一大容器相连，管道的末端有一阀门。假定在定常流动的条件下，管中的流速和压强分别为 v_0，P_0。为简单起见，在下面的讨论中忽略流体的黏性损失，计及流体的可压缩性和管道的弹性。

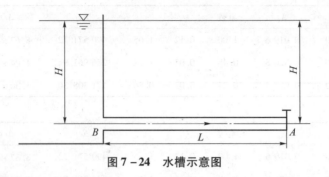

图 7-24 水槽示意图

下面分四个过程来讨论水击现象。

(1)假定时间 $T=0$ 时，管道末端的阀门突然关闭，则紧贴阀门的一薄层流体（长度为 dL）立即停止流动（v 降至零），由于惯性，后面的流体仍继续流动（此时要考虑流体的可压缩性）。压缩前面的这层流体（可想象载满人的公共汽车急刹车），使被压流体的压强突然增大到 $P+\Delta P$。由于压强突增，引管壁膨胀，管道截面增大到当继续流动的上游流体碰到压强增高速度为零的这一层流体时，也像碰到突然关闭的阀门一样，速度立即变为零，压强升高到 $P_0+\Delta P$，管道截面积增大到 $A+\Delta A$，这种变化逐层向上游传播，直到管道的进口 B 处，此时，整个管道的流体速度 $v=0$，压强为 $P_0+\Delta P$，管道截面积为 $A+\Delta A$，这个过程可看作是一个压强波从阀门开始沿管道向上游传播的过程。由于压强波所到之处，流动停止，速度 $v=0$，压强陡变，而压强波的传播方向又与管中原定常流的流动方向相反，故又称为增压逆波，设以 c 表示水击波的传播速度，则经过 $T=L/c$ 的时间，压强波传播到 B 断面。如果以阀门突然关闭的瞬间作为时间 $T=0$，则时段 $0\leqslant T\leqslant L/c$ 为水击波传播的第一阶段，如图 7-25（a）所示。

(2)当 $t=L/c$ 的瞬时，管内的流体处于静止与被压缩状态，由于 B 断面以右，管内流体的压强为 $P_0+\Delta P$，B 断面以左，大容器内流体压强为 P_0，由于这一压差的存在，管内流体又以速度 v 自 B 断面向容器内倒流，倒流的结果使压强由 $P_0+\Delta P$ 恢复到原来的 P_0，管截面积也由 $A+\Delta A$ 恢复到原来的 A（这里将管壁的变形认为是弹性变形）。压强下降波也以 a 向右传播，波面所到之处，此处的流体由静止开始倒流，当 $t=2L/c$ 时，波面传播到阀门，此时，整个管道内的流体以 v 的速度向容器内倒流，管壁复原，压强恢复为原先的 P_0。而时段 $L/c<T\leqslant 2L/c$ 则为水击波传播的第二阶段，如图 7-25（b）所示。

(3)当 $T=2L/c$ 时，虽然管内流体的压强以及管壁均恢复正常，但由于惯性，流体继续倒流，使得紧贴阀门的那层流体有脱离阀门的趋势，其结果是使阀门处的压强进一步降低，其降低后的压强数值为 $P_0-\Delta P$。这一降低的压强对倒流流体产生吸引作用，结果使倒流停止，流体静止，速度 $v=0$。同时使管壁收缩，压强下降，使流体膨胀，密度减小，故这种压强波又称为膨胀波，膨胀波也以 a 向左传播，波面所到之处，倒流停止。当 $T=3L/c$ 时，波面到达 B 断面，此时，管内倒流全部停止，流体速度 $v=0$，管壁处于收缩状态，压强为 $P_0-\Delta P$，$2L/c<T\leqslant 3L/c$ 这一时段称为水击波传播的第三阶段，如图 7-25（c）所示。

(4)当 $T=3L/c$ 的瞬时，流体虽然静止，但 B 断面右侧的压强又比大容器内的压强低

了一个 ΔP 值，故在这一压差的作用下，流体再次以速度 v 由入口端流入管内，膨胀的流体受到压缩，压强又上升为 P_0，收缩的管壁面恢复原状，这一压缩波也以速度 a 从左向右传播，波面所到之处压强均恢复为 P_0，流体静止恢复到以 $v = v_0$ 的速度流动，当 $T = 4L/c$ 时，波面到达阀门，流动恢复到 $T = 0$ 的初态，从 $3L/c < T \leqslant 4L/c$ 这一时段称为水击波传播的第四阶段，如图 7–25（d）所示。

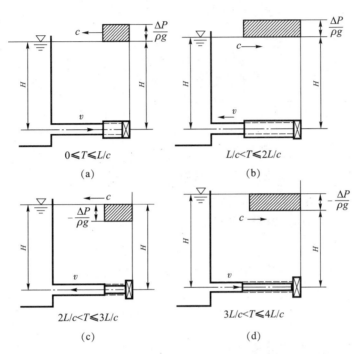

$$0 \leqslant T \leqslant L/c$$
(a)

$$L/c < T \leqslant 2L/c$$
(b)

$$2L/c < T \leqslant 3L/c$$
(c)

$$3L/c < T \leqslant 4L/c$$
(d)

图 7–25　水击压力波的传播示意图

当 $T = 4L/c$ 时，如果阀门仍然关闭，则流体仍以速度 v 冲向阀门，于是，上述四个过程又重新开始，如此周而复始循环进行。

可见，每经过 $2L/c$ 的时间，阀门处的压强就变化一次，故 $t_0 = 2L/c$ 称为水击的相，而两个相长 $2t_0$ 则为一个周期，理想情况下，阀门断面 A 处的水击压强变化如图 7–26 所示。

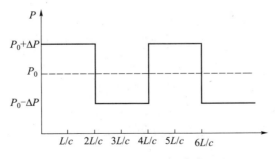

图 7–26　水击压强波动

由于水击波的传播速度 c 很大，故水击循环一次所需的时间 $T = 4L/c$ 很小。所以管道受到迅速变化的一胀一缩的交变力的作用，引起管道振动，发出响声，严重时甚至使管道破坏，尤以阀门处水击最为严重。但由于实际上流体具有黏性，摩擦及管道变形均需要消耗能量，所以，水击波不可能无休止地传播下去，而是逐渐衰减直至消失。

7.7.2　水击压强

阀门关闭时，管道中水流速度的改变，必然是增加了一个压强增量。这个压强增量就是水击压强，下面用动量定理来求水击压强。

如图 7－27 所示的一段管道，假定某一瞬时关闭阀门而使管路发生水击，经 Δt 时间后，水击波移动了 Δl 的距离。现将该段流体作为研究对象，设管道中流体的原有压强为 P_0，速度为 v，密度为 ρ，管道截面积为 A。水击发生后，该段流体的压强为 $P_0 + \Delta P$，密度为 $\rho + \Delta\rho$，管道截面积为 $A + \Delta A$。

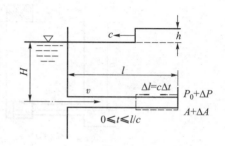

图 7－27　水击压强示意图

以该段为控制体，在该段流体中的速度为零，进入控制体的流体速度为水击波通过后该段流体的速度 $v + c$，该段内流体受到的轴向力为：$P_0 A - (P_0 + \Delta P)A = -\Delta PA$。

由动量方程可得：

$$-\Delta PA = \rho(c+v)A(0-v) = -\rho A(c+v)v$$

则水击压强

$$\Delta P = \rho(c+v)v \approx \rho vc \tag{7.88}$$

7.7.3　水击波的传播速度

根据式（7.88）计算水击压强时，需要知道水击波的传播速度 c。仍取图 7－27 中长为 Δl 的这段流体作为研究对象，但假定阀门在一瞬间全部关闭。根据质量守恒原理，Δt 时间以前，Δl 段的流体质量为 $\rho A \Delta l$。

Δt 时间后，Δl 流段的流体质量为：$(\rho + \Delta\rho)(A + \Delta A)\Delta l$。

显然，Δt 时间前后该段流体的质量发生了变化，这增加的流体质量只可能由上游补充进来，且两者应该相等，即

$$(\rho + \Delta\rho)(A + \Delta A)\Delta l - \rho A \Delta l = \rho v \Delta t A \tag{7.89}$$

将上式左边展开并略去高阶无穷小项，注意到 $\Delta l = c\,\Delta t$，且消去等式两边的 Δt，得

$$c(\rho\Delta A + \Delta\rho A) = \rho v A \tag{7.90}$$

由式（7.90）可得

$$v = c\left(\frac{\Delta A}{A} + \frac{\Delta\rho}{\rho}\right) \tag{7.91}$$

将式（7.88）代入式（7.91）（这里假定阀门在一瞬间全部关闭），可得

$$c = \frac{1}{\sqrt{\rho\left(\frac{1}{A}\cdot\frac{\Delta A}{\Delta P} + \frac{1}{\rho}\cdot\frac{\Delta\rho}{\Delta P}\right)}} \tag{7.92}$$

式中，$\dfrac{1}{\rho} \cdot \dfrac{\Delta \rho}{\Delta P}$ 反映了流体的压缩性；$\dfrac{1}{A} \cdot \dfrac{\Delta A}{\Delta P}$ 反映了管壁的弹性。由第 1 章内容可知，$\dfrac{1}{\rho} \cdot \dfrac{\Delta \rho}{\Delta P} = \dfrac{1}{K}$，其中 K 为流体的体积弹性模量。

对直径为 d、截面积为 A 的管道，当流体中压强增加了 ΔP 后，设管径增量为 Δd，则相应的面积增量为

$$\Delta A = \frac{\pi}{4}\left[(d + \Delta d)^2 - d^2\right] \approx \frac{\pi}{2}d\Delta d$$

则

$$\frac{1}{A} \cdot \frac{\Delta A}{\Delta P} = \frac{2}{\Delta p} \cdot \frac{\Delta d}{d} \tag{7.93}$$

根据材料力学中的虎克定律，管壁中的应力增量 $\Delta \sigma$ 可以写成

$$\Delta \sigma = E\frac{\Delta d}{d} \qquad 或 \qquad \frac{\Delta d}{d} = \frac{\Delta \sigma}{E}$$

式中，E 为管壁材料的弹性模量。根据对薄壁圆筒的应力分析，对直径为 d，壁厚为 δ 的圆管，其轴向应力增量可以表达为

$$\Delta \sigma = \frac{d\Delta P}{2\delta} \tag{7.94}$$

将式（7.94）代入式（7.93），可得

$$\frac{1}{A} \cdot \frac{\Delta A}{\Delta P} = \frac{2}{\Delta P} \cdot \frac{\Delta d}{d} = \frac{2}{\Delta P} \cdot \frac{\Delta \sigma}{E} = \frac{2}{\Delta P} \cdot \frac{\dfrac{d\Delta P}{2\delta}}{E} = \frac{d}{E\delta} \tag{7.95}$$

将式（7.95）和流体体积弹性模量 K 的表达式代入式（7.92），最后可得

$$c = \frac{\sqrt{\dfrac{K}{\rho}}}{\sqrt{1 + \dfrac{K}{E} \cdot \dfrac{d}{\delta}}} \tag{7.96}$$

式（7.96）即水击波的传播速度 c 的计算公式，式中 $\sqrt{\dfrac{K}{\rho}} = \sqrt{\dfrac{\Delta P}{\Delta \rho}} = \sqrt{\dfrac{\mathrm{d}P}{\mathrm{d}\rho}}$ 为声波在该种流体中的传播速度。由此可见，水击波的传播速度比声速要小。而管材的刚性越大，则越接近于声速，极限情况下，当 $E \to \infty$ 时，则水击波以声速传播。

7.7.4　防止水击危害的方法

水击现象的发生，将对管路系统构成严重的威胁，因此必须设法消除或减弱水击的发生，具体可采用以下几方面的措施：

（1）延长阀门的关阀时间，尽量将直接水击改变为间接水击。

（2）限制管路流速，降低水击压强的大小。

（3）设置过载保护，如管道上设置储水罐等。

（4）增加管道弹性或采用弹性较大的软管，如橡胶或尼龙管吸收冲击能量，则可明显减轻水击。

习　题

7.1　管内水的流量 $Q = 0.1 \text{ m}^3/\text{s}$，管径 $d = 100 \text{ mm}$，水温 $T = 50 \text{ ℃}$，试确定管内水流状态是层流还是湍流。

7.2　绝对压力为 0.3 MPa，温度为 32 ℃ 的空气在管径 $d = 100 \text{ mm}$ 的管内流动，问空气能维持为层流状态的最大流量是多少？

7.3　沿程水头损失实验中的管道直径 $d = 20 \text{ mm}$，测量段长度 $l = 3 \text{ m}$，水温 $T = 5 \text{ ℃}$，试求：

（1）当流量 $Q = 0.01 \text{ m}^3/\text{s}$ 时，管中的流态。

（2）此时的沿程阻力损失系数 λ。

（3）为保持管中为层流，测量段最大水头差 $\dfrac{P_1 - P_2}{\gamma}$。

7.4　温度为 10 ℃ 的水，在管径 $d = 200 \text{ mm}$，长 $l = 200 \text{ m}$，绝对粗糙 $\Delta = 0.5 \text{ mm}$ 的管内流动，试求流速分别为 $u_1 = 0.1$、$u_2 = 0.9 \text{ m/s}$ 时管流的沿程阻力。

7.5　输油管的直径 $d = 150 \text{ mm}$，长 $L = 5\,000 \text{ mm}$，出口端比进口端高 10 m，输送油的质量流量 $Q_m = 20 \text{ kg/s}$，油的密度 $\rho = 850 \text{ kg/m}^3$，进口端的油压 $P_i = 50 \times 10^4 \text{ Pa}$，沿程阻力系数 $\lambda = 0.03$，求出口端的油压以及输油泵的功率。

7.6　流体在圆管内做湍流运动。试利用下式：$\dfrac{v}{v_{\max}} = \left(\dfrac{y}{R}\right)^{\frac{1}{n}}$，证明：$\dfrac{v}{v_{\max}} = \dfrac{2n^2}{(n+1)(2n+1)}$，并证明当 $n = 7$ 时，$\dfrac{v}{v_{\max}} \approx \dfrac{4}{5}$。

7.7　假设沿平板的边界层内的速度呈抛物线分布，根据边界层的边界条件确定速度分布的方程并计算边界层的厚度和壁面摩擦应力沿流动方向的分布。

7.8　半径 $r_0 = 200 \text{ mm}$ 的输水管输送 $T = 15 \text{ ℃}$，$\rho = 990 \text{ kg/m}^3$，$\nu = 1.0 \times 10^{-6} \text{ m}^2/\text{s}$ 的水，速度 $u = 3 \text{ m/s}$，管道沿程阻力系数 $\lambda = 0.03$。求：

（1）管壁处、$r = r_0/2$ 及 $r = 0$ 处的切应力；

（2）求 $r = r_0$ 处的混合长度。

7.9　如图 7 - 28 所示，20 ℃ 的水通过长 500 m 管道，由水泵从容器①输送到容器②中，其体积流率为 $0.1 \text{ m}^3/\text{s}$。管道直径为 10 cm，材质为铸铁，泵的效率为 75%，问泵需要多大马力 hp（$1 \text{ hp} = 0.735 \text{ kW}$）？

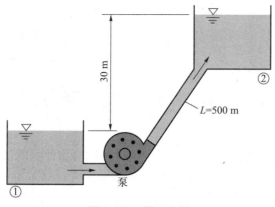

图 7 - 28　题 7.9 图

7.10　两水箱由两段铸铁管连接起来，两段铸铁管的长度和直径分别为 6 m，3 cm 和 6 m，6 cm，如图 7 - 29 所示。计及局部损失和沿程损失，如果容器①的液面高度比容器② 的高 10 m，试估计管道中的水流量。

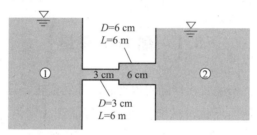

图 7 - 29　题 7.10 图

7.11　三个安装高度不同的水箱由直径为 20 cm，粗糙度为 0.01 mm 的管道连接，如图 7 - 30 所示。管道长度和水箱液面高度分别为 $L_1 = 65$ m，$L_2 = 85$ m，$L_3 = 120$ m，$Z_1 = 25$ m，$Z_2 = 115$ m，$Z_3 = 85$ m。计算所有管道的稳定水（水温 20 ℃）流量。

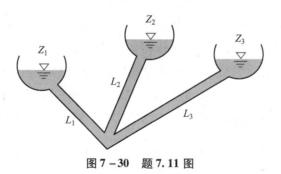

图 7 - 30　题 7.11 图

第 8 章　气体动力学基础

由第 1 章的内容可知，流体的可压缩性是流体的固有属性。前几章中，我们把通常情况下的液体流动和流速不高、压强变化较小的气体流动，看成是不可压缩流体的流动来处理，把流体的密度看作为常数，使问题得到很大的简化，而且其结果与实际也吻合得很好。但是，当流体的运动速度很高，压强差或密度变化显著时，就必须考虑其压缩性的影响。如水击现象、水下爆炸现象，以及气体的流动速度大到一定程度，甚至与该气体中的声速相近或超过声速等情况。

本章就是研究可压缩流体的运动规律以及其在工程实际中的应用。

8.1　热力学参量

对于可压缩流体而言，密度变化伴随着温度、压强的变化，这就是说，在流体流动过程中，其内能将发生变化，从而导致机械能（动能、势能和压强能之和）不再守恒，必须用能量守恒定律来取代机械能守恒定律。为了深入研究可压缩流体的流动规律，有必要简单回顾一下热力学的一些基本概念和定律。

8.1.1　完全气体状态方程

所谓完全气体是指：忽略气体分子的自身体积，将分子看成是有质量的几何点；假设分子间没有相互吸引和排斥，即不计分子势能，分子之间及分子与器壁之间发生的碰撞是完全弹性的，不造成动能损失的气体。完全气体在一些流体力学、工程热力学教材中有时又被称为理想气体。但是需要指出的是，在流体力学里，"理想流体"通常是指无黏性流体。

完全气体状态方程（也称克拉佩龙方程）是描述完全气体处于平衡态时，压强、体积、物质的量和温度之间关系的方程。热力学中描述压强、温度、体积和物质的量的一些经验规律有：

波义耳定律：　　　$V \propto 1/P$　　　$(n，T 一定)$

查理定律：　　　$V \propto T$　　　$(n，P 一定)$

阿伏伽德罗定律：　$V \propto n$　　　$(T，P 一定)$

以上三式合并表达为 $V \propto nT/P$，引入比例系数 R，可得

$$PV = nRT \tag{8.1}$$

式中，T 为气体的绝对温度；P 为气体的绝对压强；V 为气体在各相应温度和相应压强下的

体积；n 为气体的摩尔数。比例系数 R 为通用气体常数，又叫摩尔气体常数，简称气体常数，其值 $R = 8.314 \ \text{J}/(\text{mol} \cdot \text{K})$，其物理意义是单位量气体在定压条件下，加热温度升高 1 K 时所做的膨胀功。

由于 $m = W \cdot n$，式 (8.1) 可以改写为

$$PV = \frac{m}{W}RT \tag{8.2}$$

$$P = \rho\frac{R}{W}T = \rho R_{\text{g}}T \tag{8.3}$$

式中，m 是气体的质量，W 为气体的分子量，$R_{\text{g}} = \dfrac{R}{W}$ 为某一气体的气体常数，以下简写为 R。

8.1.2　比热容

单位质量流体温度变化 1 K 所需要的热量称为比热容（简称比热），单位为 $\text{J}/(\text{kg} \cdot \text{K})$。对于气体而言，如果过程是在等压条件下进行，则称为等压比热容，用 C_P 表示；如果过程是在等容条件下进行，则称为等容比热容，用 C_V 表示。等压和等容条件下，1 mol 物质温度变化 1 K 所吸收的热量分别称为摩尔等压比热 $C_{P,\text{m}}$ 和摩尔等容比热 $C_{V,\text{m}}$。

从热力学知道，等压比热、等容比热与气体常数 R 之间存在着如下的关系

$$C_P = C_V + nR \tag{8.4}$$

$$C_{P,\text{m}} = C_{V,\text{m}} + R \tag{8.5}$$

气体的等压比热与等容比热的比值叫作绝热指数，常用 k 表示，即

$$k = \frac{C_{P,\text{m}}}{C_{V,\text{m}}} \tag{8.6}$$

结合式 (8.4) 和式 (8.6) 可得

$$C_{P,\text{m}} = \frac{kR}{k-1} \tag{8.7}$$

$$C_{V,\text{m}} = \frac{R}{k-1} \tag{8.8}$$

一般可认为气体的绝热指数 k 与气体的分子结构有关，对空气，$k = 1.4$。

8.1.3　内能

宏观静止的流体，因其内部分子的热运动而具有的能量叫作内能，常用符号 e 来表示。流体的内能一般包括内动能和内位能两部分，内动能是温度的函数，而内位能是密度或比容的函数。因此说，内能是热力状态的单值函数。在一定的热力状态下，分子有一定的均方根速度和平均间距，也就有一定的内能，而与到达这一状态的路径无关，也就是说内能是一个状态参量。

通常情况下，因气体的热力状态可由两个独立的状态参量决定，所以其内能也一定是两

个独立状态参量的函数，表达为

$$e = f(T, \rho) \tag{8.9}$$

对于完全气体，由于其分子之间没有作用力，故分子之间就没有位能。这样，完全气体的内能就只是气体分子运动的动能，而不包含内位能了。因此，完全气体的内能只是温度的单值函数，而与密度或比容无关，即

$$e = f(T) \tag{8.10}$$

由热力学知道，单位质量完全气体的内能变化可按下式计算

$$de = C_V dT \tag{8.11}$$

对于定比热的完全气体，$C_V =$ 常数，上式积分得

$$e_2 - e_1 = C_V(T_2 - T_1) \tag{8.12}$$

如果以热力学零度为基准，即在 $T = 0 \text{ K}$ 时，$e = 0$，则在温度 T 时的完全气体的内能为

$$e = C_V T \tag{8.13}$$

即完全气体的内能与热力学温度成正比。

8.1.4 焓

在有关热计算的公式中时常有 $e + P/\rho$ 出现，为了简化公式和简化计算，我们把它定义为焓，用符号 h 表示，即

$$h = e + \frac{P}{\rho} \tag{8.14}$$

从式（8.14）可以看出焓也是一个状态参量。在任一平衡状态下，e、P 和 ρ 都有一定的值，因而焓 h 也有一定的值，而与到达这一状态的路径无关，即

$$h = e + \frac{P}{\rho} = f(P, \rho) \tag{8.15}$$

由于 e 只是温度的函数，而 $P/\rho = RT$ 也只是温度的函数，因此，与内能一样，完全气体的焓也只是温度的单值函数，而与密度或比热容无关，所以 $h = f(T)$。

对于完全气体，式（8.14）可写为

$$h = e + RT$$

焓的变化为

$$dh = de + RdT = C_V dT + RdT = (C_V + R)dT = C_P dT \tag{8.16}$$

对于定比热的完全气体，$C_P =$ 常数，则式（8.16）积分得：

$$h_2 - h_1 = C_P(T_2 - T_1) \tag{8.17}$$

如果以热力学零度为基准，即在 $T = 0 \text{ K}$ 时，$h = 0$，则在 T 温度条件下的完全气体的焓为

$$h = C_P T \tag{8.18}$$

即完全气体的焓与热力学温度成正比。

8.1.5　熵

熵也是一个状态参量，其单位是 J/K，用 S 表示。对给定的状态，熵有确定的值。熵的增量为

$$\mathrm{d}S \geq \frac{\mathrm{d}Q}{T} \quad (\text{＝为可逆过程，} > \text{为不可逆过程})$$

式中，$\mathrm{d}Q$ 为微小过程中系统单位质量流体得到的热量；T 为介质的热力学温度。

对绝热过程而言，$\mathrm{d}Q = 0$，熵的变化为

$$\mathrm{d}S \geq 0$$

对于可逆绝热过程而言，$\mathrm{d}S = 0$，$S =$ 常数，称为等熵过程。对于等熵过程有

$$\frac{P}{\rho^{k}} = \mathrm{const} \tag{8.19}$$

由状态方程 $P = \rho RT$，可得到等熵过程中压强 P、密度 ρ 和温度 T 三者之间的关系：

$$\frac{P_2}{P_1} = \left(\frac{\rho_2}{\rho_1}\right)^{k} = \left(\frac{T_2}{T_1}\right)^{\frac{k}{k-1}} \tag{8.20}$$

8.1.6　本章的假设

在研究可压缩气体的流动问题时，做了如下简化和假设：

（1）忽略流体的黏性；

（2）流动是等熵的，即是绝热、可逆过程。通常可压缩条件下，气体流动速度很高，气体停留时间短，而且气体热传导能力较弱，因而可以把流动看成是绝热过程。

（3）忽略重力的影响。由于空气气体密度小，根据静力学关系式 $\Delta P = \rho g \Delta z$，100 m 的高度差引起的静压强差约为大气压的 1%。因此在小高度范围内，可以忽略由重力引起的压强变化。运动方程中可以略去重力项，能量方程中略去重力做功项。

8.2　弱扰动波的传播及其特征

8.2.1　弱扰动波的传播和声速

微小扰动波在介质中的传播速度称为声速。如弹拨琴弦、敲击鼓面振动了空气，其压强和密度都发生了微弱的变化，并以波的形式在介质中传播。由于人耳能接收到的振动频率有限，声速并不限于人耳能接收的声音传播速度。

为了说明弱扰动波传播的物理过程，建立如图 8−1 所示的理想化模型。在等截面直长管内充满着可压缩流体，管的左端装有活塞，管内流体原先处于静止状态。若推动活塞以微小速度 $\mathrm{d}u$ 向右运动，则紧贴活塞右侧的流体也将伴随着向右运动，并且产生微小的压强增量 $\mathrm{d}P$；向右运动的流体又推动它右侧的流体向右运动，并产生压强增量。这个过程以速度

a 逐渐向右传递，这就是弱扰动波的传播过程，也就是声波的传播过程，故通常称 a 为声速。在弱扰动波通过之前，流体处于静止状态，压强为 P，密度为 ρ；在弱扰动波通过之后，流体的速度变为 $\mathrm{d}u$，压强变为 $P+\mathrm{d}P$，密度变为 $\rho+\mathrm{d}\rho$。未扰动区域和扰动区域的交界面称为波峰。

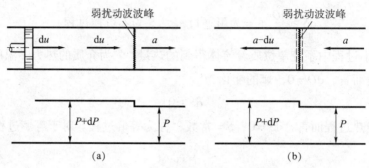

图 8-1 弱扰动波传播的物理过程

弱扰动波的传播速度和流体的物理量有密切关系。为分析方便起见，将坐标系固定在波峰上。可以想象，这时波峰右侧原来静止的流体相对坐标系将以速度 a 向左运动，其压强为 P，密度为 ρ；而波峰左侧的流体相对坐标系将以 $a-\mathrm{d}u$ 的速度向左运动，其压强为 $P+\mathrm{d}P$，密度为 $\rho+\mathrm{d}\rho$。以图 8-1（b）中虚线所示的区域作为控制体，波峰处于控制体中。当波峰两侧的控制面无限接近时，控制体体积趋近于零。

设管道的截面积为 A，对控制体写出连续性方程

$$\rho a A = (\rho + \mathrm{d}\rho)(a - \mathrm{d}u)A \tag{8.21}$$

略去二阶无穷小量，得

$$\rho \mathrm{d}u = a \mathrm{d}\rho \tag{8.22}$$

对控制体建立动量方程，注意到控制体的体积趋近于零，其质量力近似为零且忽略切应力的作用，于是动量方程可写成

$$PA - (P + \mathrm{d}P)A = \rho a A [(a - \mathrm{d}u) - a] \tag{8.23}$$

整理后可得

$$\mathrm{d}P = \rho a \mathrm{d}u \tag{8.24}$$

联立式（8.22）、式（8.24），消去 $\mathrm{d}u$，可得到声速公式

$$a = \sqrt{\frac{\mathrm{d}P}{\mathrm{d}\rho}} \tag{8.25}$$

若活塞向左移动，则由活塞向右发出的是压强降低的弱扰动波。利用上述类似的方法，可得到与式（8.25）相同的公式。由于这个过程是等熵过程，于是声速公式（8.25）可写成

$$a = \sqrt{\left(\frac{\partial P}{\partial \rho}\right)_s} \tag{8.26}$$

声速公式（8.26）无论对气体还是液体都是适用的。从式（8.26）可以看出，流体中的声速与其可压缩性密切相关，越难压缩的流体，其中的声速越快；越易压缩的流体，其中的声速越慢。刚体中声音的传播速度为无穷大。

对于完全气体的等熵过程，P/ρ^k＝常数，对它进行微分并考虑到完全气体的状态方程 $P=\rho RT$，可得

$$\left(\frac{\partial P}{\partial \rho}\right)_s = \frac{kP}{\rho} = kRT \tag{8.27}$$

因此完全气体的声速公式可写成

$$a = \sqrt{\frac{kP}{\rho}} = \sqrt{kRT} \tag{8.28}$$

可见，完全气体中的声速是热力学温度的函数。它也是一个过程量，而不是常数。对于 20 ℃的空气，$k = 1.4$，$R = 287.06\ \text{J/(kg·K)}$，代入式（8.28），得

$$a = \sqrt{1.4 \times 287.06 \times 293.15} \approx 343\ (\text{m/s})$$

8.2.2　弱扰动波在运动流场中的传播特征

在量纲分析中，我们获得了表示气体的惯性力与弹性力之比，或者说气体的宏观运动动能与气体内分子运动动能之比的马赫数 Ma。根据马赫数的大小不同，可将流场的流动特征分为三类，即

$Ma < 1$ 为亚声速流动；

$Ma = 1$ 为声速流动；

$Ma > 1$ 为超声速流动。

为了说明亚声速流和超声速流的根本区别，我们首先来讨论均匀来流流场中弱扰动波的传播特征。

1）弱扰动波在静止流场中传播

如在静止流场中的某点 O 上存在一弱扰动源，则该扰动源产生的弱扰动波将以声速 a 向四周传播，且它在各个方向上的传播速度相等，弱扰动波阵面是一族同心球面，如图 8－2（a）所示。

2）弱扰动波在亚声速流场中传播

若在均匀来流速度为 $\vec{u} = u_\infty \vec{i}$ 的流场中的某点 O 上存在一弱扰动源，根据合成运动的观点，将动坐标建立在以 $\vec{u} = u_\infty \vec{i}$（牵连速度）匀速运动的流体上，该弱扰动波仍以速度 a 相对于动坐标系向四周传播，其绝对速度是其相对速度和牵连速度的矢量和 $a\vec{i_r} + u_\infty \vec{i}$。因此，在 $t = 0$ 时刻，从 O 点发出的弱扰动波经过 $\Delta\tau$ 时间间隔后将传播到以 O_1 为中心（$OO_1 = u_\infty\Delta\tau$），以 $a\Delta\tau$ 为半径的球面上；而 $2\Delta\tau$ 时刻将传播到以 O_2 为中心（$OO_2 = 2u_\infty\Delta\tau$），以 $2a\Delta\tau$ 为半径的球面上，以此类推。由于 $u_\infty < a$，所以在亚声速流动中，随着时间的推移，扰动波总可以传播到整个流场，但它在各个方向的传播速度不同，在顺流方向传播速度最大，逆流方向最小，弱扰动波阵面是一族偏心球面，如图 8－2（b）所示。

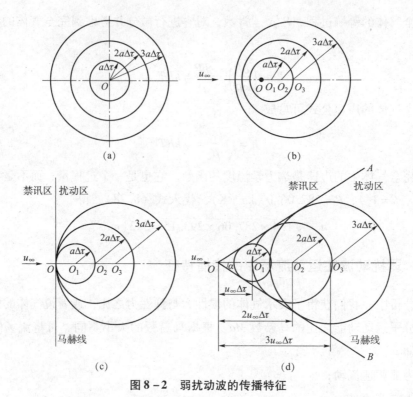

图 8 - 2   弱扰动波的传播特征

（a）一族同心球面；（b）一族偏心球面；（c）在平面中传播；（d）在圆锥面内传播

3）弱扰动波在声速流场中传播

当流体的流动速度等于声速时，弱扰动的传播与亚声速时的情况相似，但是由于 $u_\infty = a$，扰动波逆向传播的速度为零，其结果是弱扰动波只能在图 8 - 2 （c） 中的右半平面中传播。因此，任何时刻的扰动波都不可能越过 $x = 0$ 的平面传到上游。这时我们可以将 $x = 0$ 平面左侧的上游区称为禁讯区，而下游区称为扰动区。

4）弱扰动波在超声速流场中传播

此时，弱扰动波仍以声速 a 相对于动坐标向四周传播，在任意 t 时刻，波阵面是以扰动源 O 为球心，以 at 为半径的球面，而扰动源以速度 u_∞ 顺流而下，在 t 时刻，扰动源中心离开初始位置的距离为 $u_\infty t$，由于 $u_\infty > a$，扰动只能在以 O 点为顶点，如图 8 - 2 （d） 所示的圆锥面内传播，而无法影响锥面以外的区域。这个圆锥称为马赫锥，锥的半顶角 α 称为马赫角。

锥的半顶角为 α，它与声速 a 及气流的流速 u_∞ 有如下关系

$$\alpha = \arcsin \frac{a}{u_\infty} = \arcsin \frac{1}{Ma} \tag{8.29}$$

式（8.29）表明，对于超声速流动，马赫数与马赫角的正弦互为倒数关系。Ma 数越大，α 角越小，Ma 数由 1 趋向∞，α 角由 $\pi/2$ 趋向 0。

由上面的分析可知，超声速流动与亚声速流动在物理上有本质的区别，即在亚声速流动的流场中，弱扰动波可以传播到整个流场，它不存在马赫锥；而在超声速流动的流场中，弱扰动波只能在马赫锥中传播。

以上讨论的是在均匀流场中的情况，而真实流动多为非均匀流动，此时流场中各点的速度、声速及其他物理量的分布不均匀，从而各点的马赫数也不相同。因此，扰动波的传播方式比在均匀来流中更为复杂。就空间流动而言，非均匀流场中的弱扰动波不再以球对称的方式向四周传播，超声速流动中的扰动面也不再是正圆锥面。

例 8 - 1　超声速飞机在 1 500 m 的高空水平飞行，速度为 750 m/s，如图 8 - 3 所示。如果空气的平均温度为 5 ℃。试问站在地面观察站 D 点看到飞机自头顶飞过后几秒钟，才可能听到飞机发出的声音？

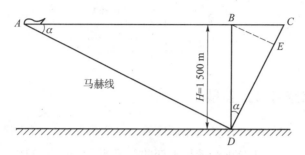

图 8 - 3　飞机飞行速度与声速的关系

解： 已知 $H = 1\,500$ m，$u = 750$ m/s，$T = 273 + 5 = 278$（K）。

对于空气，$k = 1.4$，$R = 287$ J/（kg·K），则飞机飞行的马赫数为

$$Ma = \frac{u}{a} = \frac{u}{\sqrt{kRT}} = \frac{750}{\sqrt{1.4 \times 287 \times 278}} = 2.244$$

马赫角为

$$\alpha = \arcsin\left(\frac{1}{M}\right) = \arcsin\left(\frac{1}{2.244}\right) = 26.46°$$

B、A 两点间的距离为

$$BA = \frac{BD}{\tan\alpha} = \frac{1\,500}{\tan 26.46°} = 3\,013.8（\text{m}）$$

飞机自 B 点到 A 点的飞行时间为

$$\tau = \frac{BA}{u} = \frac{3\,013.8}{750} = 4.02（\text{s}）$$

飞机自 C 点飞到 B 点，声波自 C 点传到 E 点。飞机自 B 点飞到 A 点的时间就是声波自 E 点传到 D 点的时间。

8.3　完全气体动力学函数

8.3.1　气体的伯努利方程

在流体动力学中，我们从热力学第一定律获得了描述流体能量守恒关系的伯努利方程：

$$\frac{u^2}{2} + e + \frac{P}{\rho} + gz = \text{const} \tag{8.30}$$

式（8.30）表明对无黏性、不可压缩流体做定常、等熵流动时，沿流线的总能量保持不变。而对完全气体，在引入本章的假设及焓的定义式（8.14）、式（8.18）和式（8.28）后，可以把式（8.30）做如下改写：

$$\frac{u^2}{2} + h = \frac{u^2}{2} + C_P T = \text{const} \tag{8.31}$$

$$\frac{u^2}{2} + \frac{kR}{k-1}T = \text{const} \tag{8.32}$$

$$\frac{u^2}{2} + \frac{k}{k-1} \cdot \frac{P}{\rho} = \text{const} \tag{8.33}$$

$$\frac{u^2}{2} + \frac{a^2}{k-1} = \text{const} \tag{8.34}$$

8.3.2 滞止状态与滞止参量

所谓滞止状态是指按某种过程将气体速度滞止到零的状态。滞止状态下的参量为滞止参量。气体进行等熵流动时，其滞止参量是不变的。只要测出运动气体在某一截面上的流动参量，便可根据等熵流的基本方程求得滞止参量。

根据完全气体状态方程 $P = \rho R T$，等熵过程方程、焓的定义式（8.14）、式（8.18）和声速公式后，滞止参数（用下标"0"表示）和某一状态下参数间的关系为

$$\frac{P}{P_0} = \left(\frac{\rho}{\rho_0}\right)^k = \left(\frac{T}{T_0}\right)^{\frac{k}{k-1}} = \left(\frac{h}{h_0}\right)^{\frac{k}{k-1}} = \left(\frac{a}{a_0}\right)^{\frac{2k}{k-1}} \tag{8.35}$$

1. 静温 T 与滞止温度 T_0 间的关系

根据气体伯努利方程有

$$C_P T + \frac{u^2}{2} = C_P T_0 \tag{8.36}$$

由 $C_P = kR/(k-1)$，$a = \sqrt{kRT}$，则可得到

$$u^2 = 2C_P(T_0 - T) = \frac{2kRT}{k-1}\left(\frac{T_0}{T} - 1\right) = \frac{2a^2}{k-1}\left(\frac{T_0}{T} - 1\right) \tag{8.37}$$

所以

$$\frac{T_0}{T} = 1 + \frac{k-1}{2} \cdot \frac{u^2}{a^2} = 1 + \frac{k-1}{2}Ma^2 \tag{8.38}$$

式（8.38）表明，只要测得等熵流任一截面上的马赫数 Ma 及其相应的静温 T，就可计算出气流的滞止温度 T_0。

等熵流任意两截面上静温间的关系可表示为

$$\frac{T_2}{T_1} = \frac{T_0/T_1}{T_0/T_2} = \frac{1 + \dfrac{k-1}{2}Ma_1^2}{1 + \dfrac{k-1}{2}Ma_2^2} = \frac{2 + (k-1)Ma_1^2}{2 + (k-1)Ma_2^2} \tag{8.39}$$

需要说明的是，式（8.38）和式（8.39）既适用于等熵过程，也适用于非等熵的绝热

过程。

2. 静压 P 与滞止压强 P_0 间的关系

由式（8.35）可知

$$\frac{P_0}{P} = \left(\frac{T_0}{T}\right)^{\frac{k}{k-1}} \tag{8.40}$$

将式（8.38）代入式（8.40）得

$$\frac{P_0}{P} = \left(1 + \frac{k-1}{2}Ma^2\right)^{\frac{k}{k-1}} \tag{8.41}$$

等熵流任意两截面上静压强间的关系为

$$\frac{P_2}{P_1} = \left(\frac{T_2}{T_1}\right)^{\frac{k}{k-1}} = \left(\frac{1 + \dfrac{k-1}{2}Ma_1^2}{1 + \dfrac{k-1}{2}Ma_2^2}\right)^{\frac{k}{k-1}} = \left[\frac{2 + (k-1)Ma_1^2}{2 + (k-1)Ma_2^2}\right]^{\frac{k}{k-1}} \tag{8.42}$$

式（8.41）和式（8.42）在推导过程中，都应用了等熵过程的条件，因此它们只适用于等熵过程。

3. 密度 ρ 与滞止密度 ρ_0 间的关系

由式（8.35）可知，等熵过程密度和温度间的关系为

$$\frac{\rho_0}{\rho} = \left(\frac{T_0}{T}\right)^{\frac{1}{k-1}} \tag{8.43}$$

将式（8.38）代入式（8.43）得

$$\frac{\rho_0}{\rho} = \left(1 + \frac{k-1}{2}Ma^2\right)^{\frac{1}{k-1}} \tag{8.44}$$

等熵流任意两截面上流体密度间的关系为

$$\frac{\rho_2}{\rho_1} = \left(\frac{1 + \dfrac{k-1}{2}Ma_1^2}{1 + \dfrac{k-1}{2}Ma_2^2}\right)^{\frac{1}{k-1}} = \left[\frac{2 + (k-1)Ma_1^2}{2 + (k-1)Ma_2^2}\right]^{\frac{1}{k-1}} \tag{8.45}$$

式（8.44）和式（8.45）只适用于等熵过程。

4. 声速 a 与滞止声速 a_0 间的关系

因为声速 $a = \sqrt{kRT}$，滞止声速 $a_0 = \sqrt{kRT_0}$，所以

$$\frac{a_0}{a} = \frac{\sqrt{kRT_0}}{\sqrt{kRT}} = \left(\frac{T_0}{T}\right)^{\frac{1}{2}} = \left(1 + \frac{k-1}{2}Ma^2\right)^{\frac{1}{2}} \tag{8.46}$$

对于完全气体一维稳定流动，任意两流动截面上声速的关系为

$$\frac{a_2}{a_1} = \left(\frac{T_2}{T_1}\right)^{\frac{1}{2}} = \left(\frac{1 + \dfrac{k-1}{2}Ma_1^2}{1 + \dfrac{k-1}{2}Ma_2^2}\right)^{\frac{1}{2}} = \left[\frac{2 + (k-1)Ma_1^2}{2 + (k-1)Ma_2^2}\right]^{\frac{1}{2}} \tag{8.47}$$

通过以上分析可以发现，完全气体在等熵流动过程中，其压强 P、温度 T 和密度 ρ 三者都随马赫数 Ma 的变化而变化，但压强 P 随马赫数 Ma 的变化最快，而温度 T 随马赫数 Ma 的变化最慢。

8.3.3 临界参量与滞止参量间的关系

临界状态为流体流动速度等于当地声速，即马赫数 $Ma = 1$ 时的状态。临界状态下，气流的参量为临界参量，如临界压强、临界温度和临界密度等，以下标"$*$"表示。

根据完全气体状态方程 $P = \rho R T$，等熵过程方程、焓的定义式（8.14）、式（8.17）和声速公式可以得到：

$$\frac{P}{P_*} = \left(\frac{\rho}{\rho_*}\right)^k = \left(\frac{T}{T_*}\right)^{\frac{k}{k-1}} = \left(\frac{a}{a_*}\right)^{\frac{2k}{k-1}} \tag{8.48}$$

根据能量方程（8.34）可得

$$\frac{a_0^2}{k-1} = \frac{a_*^2}{k-1} + \frac{u_*^2}{2} = \frac{k+1}{2(k-1)} u_*^2 \tag{8.49}$$

因此

$$u_* = a_* = a_0 \sqrt{\frac{2}{k+1}} = \sqrt{\frac{2kRT_0}{k+1}} \tag{8.50}$$

式（8.50）表明，完全气体的临界速度 u_*（或临界声速 a_*）除与气体的种类有关外，仅取决于气体的滞止温度 T_0，而与气体的滞止压强无关。

临界参量与滞止参量间的关系可由式（8.38）、式（8.41）、式（8.44）和式（8.46）令 $Ma = 1$，得到

$$\frac{T_*}{T_0} = \left(1 + \frac{k-1}{2}\right)^{-1} = \frac{2}{k+1} \tag{8.51}$$

$$\frac{P_*}{P_0} = \left(1 + \frac{k-1}{2}\right)^{-\frac{k}{k-1}} = \left(\frac{2}{k+1}\right)^{\frac{k}{k-1}} \tag{8.52}$$

$$\frac{\rho_*}{\rho_0} = \left(1 + \frac{k-1}{2}\right)^{-\frac{1}{k-1}} = \left(\frac{2}{k+1}\right)^{\frac{1}{k-1}} \tag{8.53}$$

$$\frac{a_*}{a_0} = \left(1 + \frac{k-1}{2}\right)^{-\frac{1}{2}} = \left(\frac{2}{k+1}\right)^{\frac{1}{2}} \tag{8.54}$$

以上四式表明，临界参量与滞止参量间的比值关系只与气体的绝热指数 k 有关，k 值给定后，临界参量与滞止参量之比为一定值。各种气体的临界参量与滞止参量的比值见表 8-1。

表 8-1 各种气体的临界参量与滞止参量的比值

绝热指数	临 界 参 量 比			
	P_*/P_0	T_*/T_0	ρ_*/ρ_0	a_*/a_0
$k = 1.40$	0.528	0.833	0.634	0.913
$k = 1.33$	0.540	0.858	0.630	0.926
$k = 1.66$	0.488	0.752	0.649	0.867

8.3.4 最大速度状态

宏观流体速度达到最大时的状态称为最大速度状态。这时流体温度为零,压力、声速等都为零。由伯努利方程可知

$$\frac{u^2}{2} + C_P T = \frac{u_{\max}^2}{2} \tag{8.55}$$

因此,某个状态下的最大速度为

$$u_{\max} = \sqrt{u^2 + 2C_P T} \tag{8.56}$$

最大速度与临界参数间的关系为

$$u_{\max} = \sqrt{u_*^2 + 2C_P T_*} = \sqrt{u_*^2 + 2C_P \frac{a_*^2}{kR}} = \sqrt{u_*^2 + 2\frac{a_*^2}{k-1}} = \sqrt{\frac{k+1}{k-1}} u_* \tag{8.57}$$

8.3.5 状态参量间的关系

由式(8.34)可知

$$\frac{a_1^2}{k-1} + \frac{u_1^2}{2} = \frac{a_2^2}{k-1} + \frac{u_2^2}{2} = \frac{a_0^2}{k-1} \tag{8.58}$$

式(8.58)表明,随着流体流速的增加,声速减小,反之也成立。流速 $u=0$ 时的声速就是滞止声速,用 a_0 表示;声速 $a=0$ 时(相当于流体流入绝对真空,这时气流的压强、密度和热力学温度均降为零)的流体速度就是最大速度 $u_{\max}$(又叫极限速度),它是理论上的最大速度,实际上是得不到的,因为气体降到热力学零度以前早已液化了。

极限速度与滞止声速的关系为

$$\frac{a_0^2}{k-1} = \frac{u_{\max}^2}{2} \tag{8.59}$$

即

$$u_{\max} = a_0 \sqrt{\frac{2}{k-1}} = \sqrt{\frac{2kRT_0}{k-1}} \tag{8.60}$$

式(8.34)还可以写为

$$\frac{a_0^2}{k-1} = \frac{a^2}{k-1} + \frac{u^2}{2} = \frac{u_{\max}^2}{2} \tag{8.61}$$

将式(8.61)各项分别用 $a_0^2/(k-1)$ 或 $u_{\max}^2/2$ 去除,整理后得到

$$\left(\frac{a}{a_0}\right)^2 + \left(\frac{u}{u_{\max}}\right)^2 = 1 \tag{8.62}$$

式(8.62)表明声速和流体速度的关系是个椭圆方程,如图 8-4 所示。椭圆与纵轴交于 a_0,与横轴交于 $u_{\max}$。在 A 点上 $u=a$,马赫数 $Ma=1$,即临界状态。A 点以左的区域为亚声速区,A 点以右的区域为超声速区。

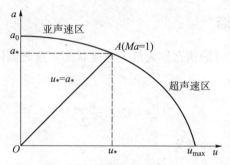

图 8-4　可压缩流绝热椭圆

例 8-2　空气按等熵过程流经一收缩形喷管，质量流量为 $G = 9.072$ kg/s，在截面 $A = 0.0516$ m^2 处，马赫数 $Ma = 0.5$，流速 $u = 182.88$ m/s，求截面 A 处气流的静压强 P。

解：对于空气而言，$k = 1.4$，$R = 287$ J/(kg·K)。

由马赫数 $Ma = \dfrac{u}{a} = \dfrac{u}{\sqrt{kRT}}$ 得气流在 A 截面处的静温为

$$T = \frac{u^2}{kRMa^2} = \frac{182.88^2}{1.4 \times 287 \times 0.5^2} = 333 \, (\mathrm{K})$$

由连续性方程 $G = \rho u A$ 得气流在 A 截面处的密度为

$$\rho = \frac{G}{uA} = \frac{9.072}{182.88 \times 0.0516} = 0.9614 \, (\mathrm{kg/m^3})$$

由气体状态方程 $P = \rho R T$，可得到 A 截面处气流的静压强为

$$P = \rho R T = 0.9614 \times 287 \times 333 = 0.9188 \times 10^5 \, (\mathrm{Pa}) \ = 91.88 \, (\mathrm{kPa})$$

例 8-3　氮气在可逆的条件下沿变径管路等温流动，已知温度 $t = 5$ ℃，管径 $d_1 = 50$ mm，$d_2 = 25$ mm，静压 $P_1 = 378$ kN/m^2，$P_2 = 253$ kN/m^2，求流速 u_1 和 u_2。

解：将气体状态方程 $P = \rho R T$ 代入欧拉运动方程式，在等温条件下积分，得

$$RT \ln \frac{\rho_2}{\rho_1} = \frac{u_1^2 - u_2^2}{2} \tag{8.63}$$

因为在等温条件下，气体的压强和密度存在下列关系

$$\frac{P_2}{P_1} = \frac{\rho_2}{\rho_1} \tag{8.64}$$

将式 (8.64) 代入式 (8.63)，得

$$RT \ln \frac{P_2}{P_1} = \frac{u_1^2 - u_2^2}{2} \tag{8.65}$$

根据连续性方程 $\rho_1 u_1 A_1 = \rho_2 u_2 A_2$ 及式 (8.64)，得

$$u_1 = \left(\frac{\rho_2}{\rho_1}\right)\left(\frac{A_2}{A_1}\right)u_2 = \left(\frac{P_2}{P_1}\right)\left(\frac{d_2}{d_1}\right)^2 u_2$$

将上式代入式 (8.65)，得

$$RT\ln\frac{P_2}{P_1} = \frac{u_2^2}{2}\left[\left(\frac{P_2}{P_1}\right)^2\left(\frac{d_2}{d_1}\right)^4 - 1\right]$$

所以流速　　$u_2 = \sqrt{\dfrac{2RT\ln(P_2/P_1)}{(P_2/P_1)^2(d_2/d_1)^4 - 1}} = 261\,(\text{m/s})$

则流速　　　　　　　　$u_1 = \left(\dfrac{P_2}{P_1}\right)\left(\dfrac{d_2}{d_1}\right)^2 u_2 = 43.7\ (\text{m/s})$

例 8 - 4　做绝热流动的二氧化碳气体，在某点处的温度为 $t_1 = 60\ ℃$，速度为 $u_1 = 14.8\ \text{m/s}$，求同一流线上温度为 $t_2 = 30\ ℃$ 的另一点处的速度 u_2。

解：对于二氧化碳而言，等压比热 $C_P = 845.73\ \text{J}/(\text{kg}\cdot\text{K})$。由能量方程式（8.31），即

$$C_P T_1 + \frac{u_1^2}{2} = C_P T_2 + \frac{u_2^2}{2}$$

得 $u_2 = \sqrt{2C_P(T_1 - T_2) + u_1^2} = 225.7\,(\text{m/s})$

8.4　一维定常等熵流动

把管道内气体流动简化为一维定常等熵流动。理想流体一维稳定流动的连续性方程为

$$\rho u A = \text{const} \tag{8.66}$$

其微分式为

$$\mathrm{d}C = \frac{\partial C}{\partial \rho}\mathrm{d}\rho + \frac{\partial C}{\partial u}\mathrm{d}u + \frac{\partial C}{\partial A}\mathrm{d}A = \frac{\mathrm{d}\rho}{\rho} + \frac{\mathrm{d}u}{u} + \frac{\mathrm{d}A}{A} = 0 \tag{8.67}$$

欧拉运动方程的微分式为

$$\frac{\mathrm{d}p}{\rho} + u\,\mathrm{d}u = 0 \tag{8.68}$$

能量方程为

$$\mathrm{d}\left(\frac{u^2}{2} + C_P T\right) = 0 \tag{8.69}$$

8.4.1　变截面管流分析

1. 密度变化规律

由声速公式可得

$$\mathrm{d}P = a^2\,\mathrm{d}\rho \tag{8.70}$$

即欧拉运动微分方程可得

$$\mathrm{d}P = -\rho u\,\mathrm{d}u \tag{8.71}$$

联立以上两式，得

$$a^2\,\mathrm{d}\rho = -\rho u\,\mathrm{d}u \tag{8.72}$$

或
$$\frac{\mathrm{d}\rho}{\rho} = -\frac{u^2}{a^2} \cdot \frac{\mathrm{d}u}{u} = -Ma^2 \frac{\mathrm{d}u}{u} \qquad (8.73)$$

式（8.73）等号右侧的负号表示流速的变化方向与密度的变化方向相反，即流速增加时，流体的密度减小；流速减小时，流体的密度增加。

（1）对于亚声速流动，$Ma < 1$，流体密度的变化率 $\mathrm{d}\rho/\rho$ 小于其速度的变化率 $\mathrm{d}u/u$，即 $|\mathrm{d}\rho/\rho| < |\mathrm{d}u/u|$。当 $Ma < 0.3$ 时，可忽略流动过程中流体密度的变化，按不可压缩流体的流动来处理。

（2）对于超声速流动，$Ma > 1$，流体密度的变化率 $\mathrm{d}\rho/\rho$ 大于其速度的变化率 $\mathrm{d}u/u$，即 $|\mathrm{d}\rho/\rho| > |\mathrm{d}u/u|$。这时流体的体积膨胀起主导作用。要使超声速气流进一步加速，就必须创造条件使流体得到进一步的充分膨胀。

（3）对于临界状态下的声速流动，$Ma = 1$，流体密度的变化率 $\mathrm{d}\rho/\rho$ 等于其速度的变化率 $\mathrm{d}u/u$，即 $|\mathrm{d}\rho/\rho| = |\mathrm{d}u/u|$。

2. 流速随管道截面积的变化

将式（8.73）代入连续性方程式（8.67），消去 $\mathrm{d}\rho/\rho$，整理后得到

$$(Ma^2 - 1)\frac{\mathrm{d}u}{u} = \frac{\mathrm{d}A}{A} \qquad (8.74)$$

式（8.74）表明：

（1）对于亚声速流动，$Ma < 1$，随着管道截面的增加，流体的速度将降低；随着管道截面的减小，流体的速度将增大，且流速的变化率 $\mathrm{d}u/u$ 大于管截面的变化率 $\mathrm{d}A/A$。亚声速流动的这一特性与不可压缩流体的流动规律相似。

（2）对于超声速流动，$Ma > 1$，随着管道截面的增加，流体的速度将增大；随着管道截面的减小，流体的速度将降低。就是说，超声速气流在收缩形管道内流动时，其流速将逐渐降低；而在扩张形管道内流动时，其流速将逐渐增加。超声速流动的这一特性与亚声速流动恰恰相反。

（3）对于声速流动，$Ma = 1$，

$$\mathrm{d}A/A = 0$$

由此可见，在变截面管道中，声速流动只能发生在 $\mathrm{d}A = 0$ 的截面上，即极值平面，它可能是最小截面，也可能是最大截面。但是根据前面的分析，声速流动只可能发生在最小截面处。因为具有最小截面的管道是具有喉部的管道，若喉部前为亚声速流，则随着管道截面的逐渐收缩，气流将逐渐加速，这样才有可能增加到声速；若喉部前为超声速流，随着管道截面的逐渐收缩，气流将逐渐减速，这样才有可能减小到声速。而若流动在最大截面之前为亚声速流，则随管道截面的逐渐增加，气流将逐渐减速，这样不可能达到声速；若在最大截面处之前为超声速流，则随管道截面的逐渐增加，气流将逐渐加速，这样也不可能达到声速。因此，在变截面管道中，声速流动只可能发生在喉部（最小截面处）。

3. 流体的密度随管道截面积的变化关系

联立式（8.73）和式（8.74），消去 $\mathrm{d}u/u$，整理后得到

$$\frac{1-Ma^2}{Ma^2}\cdot\frac{\mathrm{d}\rho}{\rho}=\frac{\mathrm{d}A}{A} \tag{8.75}$$

式（8.75）表明：

（1）对于亚声速流动，$Ma<1$，即流体密度的变化与管道截面的变化具有相同的方向。就是说，随着管道截面的增加，流体的密度将增大，流体的体积受到压缩；随着管道截面的减小，流体的密度将减小，流体的体积得到膨胀。

（2）对于超声速流动，$Ma>1$，即流体密度的变化方向与管道截面的变化方向相反。这就是说，随着管道截面的增加，流体的密度将减小，流体的体积得到膨胀；随着管道截面的减小，流体的密度将增大，流体的体积受到压缩。

4. 流体的静压、静温随管道截面积的变化

将等熵过程方程式和气体状态方程式分别代入式（8.67），经整理后得到

$$\frac{1-Ma^2}{kMa^2}\cdot\frac{\mathrm{d}P}{P}=\frac{1-Ma^2}{(k-1)Ma^2}\cdot\frac{\mathrm{d}T}{T}=\frac{\mathrm{d}A}{A} \tag{8.76}$$

式（8.76）表明：

（1）对于亚声速流动，$Ma<1$，流体的静压力和温度的变化方向与管道截面的变化方向相同。因此，随着管道截面的增加，流体的静压力和温度将升高；就是说，亚声速流动的流体通过收缩形管道时，其静压力和温度是逐渐降低的，而流速是逐渐增大的。反之，亚声速流动的流体通过扩张形管道时，其静压力和温度是逐渐升高的，而流速是逐渐降低的。

（2）对于超声速流动，$Ma>1$，流体的静压力和温度的变化方向与管道截面的变化方向相反。因此，随着管道截面的增加，流体的静压力和温度将降低；随着管道截面的减小，流体的静压力和温度将升高。就是说，超声速流动的流体通过收缩形管道时，其静压力和温度将逐渐升高，而流速则逐渐降低；超声速流动的流体通过扩张形管道时，其静压力和温度将逐渐降低，而流速则逐渐增大。

表 8-2 列出了管道截面对亚声速流动和超声速流动的影响规律。

表 8-2　截面对流动参量的影响规律

管道形状	马赫数 $Ma<1$			马赫数 $Ma>1$		
渐缩管	流速 $u\uparrow$ 静温 $T\downarrow$	静压 $P\downarrow$ 焓值 $h\downarrow$	密度 $\rho\downarrow$ 声速 $a\downarrow$	流速 $u\downarrow$ 静温 $T\uparrow$	静压 $P\uparrow$ 焓值 $h\uparrow$	密度 $\rho\uparrow$ 声速 $a\uparrow$
渐扩管	流速 $u\downarrow$ 静温 $T\uparrow$	静压 $P\uparrow$ 焓值 $h\uparrow$	密度 $\rho\uparrow$ 声速 $a\uparrow$	流速 $u\uparrow$ 静温 $T\downarrow$	静压 $P\downarrow$ 焓值 $h\downarrow$	密度 $\rho\downarrow$ 声速 $a\downarrow$

由表 8-2 可以看出，具有足够压力能的完全气体，经拉瓦尔喷管等熵流动时，其流速和马赫数是逐渐增大的，而气流的静压力、温度、密度和声速是逐渐减小的。这体现了气流的焓降逐渐地转化为动能。气流的各个参量沿拉瓦尔喷管的变化曲线如图 8-5 所示。

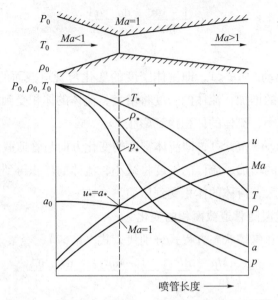

图 8-5 气流的各个参量沿拉瓦尔喷管的变化曲线

8.4.2 流管截面面积和流动马赫数的关系

一维定常流动的连续性方程

$$\rho_1 u_1 A_1 = \rho_2 u_2 A_2 = \text{const} \tag{8.77}$$

利用式 (8.47), 可得

$$\frac{u_1}{u_2} = \frac{a_1 Ma_1}{a_2 Ma_2} = \frac{Ma_1}{Ma_2} \left[\frac{2 + (k-1)Ma_2^2}{2 + (k-1)Ma_1^2} \right]^{\frac{1}{2}} \tag{8.78}$$

利用式 (8.77)、式 (8.78) 和式 (8.45), 对于流管 (喷管) 任意两截面的面积之比与相应 Ma 数之间的关系为

$$\frac{A_2}{A_1} = \frac{u_1}{u_2} \cdot \frac{\rho_1}{\rho_2} = \frac{Ma_1}{Ma_2} \left[\frac{2 + (k-1)Ma_2^2}{2 + (k-1)Ma_1^2} \right]^{\frac{1}{2}} \cdot \left[\frac{2 + (k-1)Ma_2^2}{2 + (k-1)Ma_1^2} \right]^{\frac{1}{k-1}} = \frac{Ma_1}{Ma_2} \left[\frac{2 + (k-1)Ma_2^2}{2 + (k-1)Ma_1^2} \right]^{\frac{k+1}{2(k-1)}} \tag{8.79}$$

式 (8.79) 表明知道两截面的面积和一处的马赫数, 可以得到另一处的马赫数。但是, 从式 (8.79) 可以看到, 如果已知 Ma, 容易根据式 (8.79) 求出 A; 但是已知 A, 却不容易求出 Ma。为此, 引入临界截面, 其面积为 A_*, 此界面的 $Ma = 1$。若式 (8.79) 中 A_1 改为 A_*, $Ma_1 = 1$, 去掉 "2", 则有

$$\frac{A}{A_*} = \frac{1}{Ma} \left[\frac{2 + (k-1)Ma^2}{k+1} \right]^{\frac{k+1}{2(k-1)}} \tag{8.80}$$

式 (8.80) 表明, 任一截面面积与临界面积之比仅依赖流动马赫数而与其他流动参量无关。图 8-6 所示为截面比与马赫数的关系曲线。当马赫数 $Ma = 1$ 时, 有效截面比 $A/A_* =$

1，即为临界截面比。由图 8-6 中可以看出，同一个截面比对应着两个马赫数，一个是亚音速马赫数，另一个是超音速马赫数。而对一确定的马赫数，只有唯一的截面比，还可以看出，对任一 Ma，必有 $A/A_* \geqslant 1$。

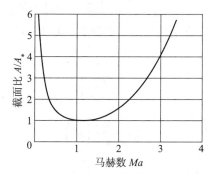

图 8-6　截面比与马赫数的关系曲线

8.4.3　无因次速度 λ

在以上所导出的一些公式中，都是以马赫数 Ma 作为无因次自变量，这虽然大大地简化了问题，但也有它的不足之处：

（1）随着管道截面的变化，截面上的气流速度 u 与当地条件下的音速 a 都发生变化，因而 Ma 的变化是由 u 和 a 二者的变化共同决定的，这就使得 Ma 的计算比较复杂；

（2）当管道中气流的速度非常高时，因气流温度的降低而使音速减小，故 Ma 非常大，以致趋于无穷。为了避免上述缺点，引入无因次速度 λ 会更加方便。λ 的定义为

$$\lambda = \frac{u}{a_*}$$

式中，u 为任意截面上的气流速度；a_* 为临界状态下的音速，它只是滞止温度 T_0 的函数，而与流速无关。因此，对一个确定的变截面管道内完全气体的绝热流动来说，a_* 是不变的。

由式（8.51）、式（8.38），可得无因次速度 λ 与马赫数 Ma 间的关系

$$\lambda^2 = \frac{u^2}{a_*^2} = \frac{u^2}{a^2} \cdot \frac{a^2}{a_*^2} = Ma^2 \frac{T}{T_*} = \frac{Ma^2 \dfrac{k+1}{2}}{1 + \dfrac{k-1}{2}Ma^2} = \frac{(k+1)Ma^2}{2+(k-1)Ma^2} \tag{8.81}$$

或

$$Ma^2 = \frac{2\lambda^2}{(k+1)-(k-1)\lambda^2} \tag{8.82}$$

图 8-7 所示为无因次速度 λ 与马赫数 Ma 的关系曲线（$k=1.4$）。由图 8-7 中的曲线可以看出，λ 与 Ma 之间具有一一对应的关系，即

$Ma=0$ 时，$\lambda=0$；

$Ma<1$ 时，$\lambda<1$，且 $\lambda>Ma$；

$Ma=1$ 时，$\lambda=1$；

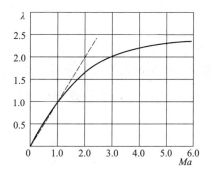

图 8-7　无因次速度 λ 与马赫数 Ma 的关系曲线（$k=1.4$）

$Ma > 1$ 时，$\lambda > 1$，且 $\lambda < Ma$；

$Ma = \infty$ 时，$\lambda = \sqrt{\dfrac{k+1}{k-1}}$。

引入了无因次速度 λ 后，可将各流动参量与滞止参量间的比值关系表示成以 λ 为自变量的无因次函数式。将式（8.82）分别代入式（8.38）、式（8.41）、式（8.44）、式（8.46）和式（8.80），即可得到

$$\frac{T}{T_0} = 1 - \frac{k-1}{k+1}\lambda^2 \tag{8.83}$$

$$\frac{P}{P_0} = \left(1 - \frac{k-1}{k+1}\lambda^2\right)^{\frac{k}{k-1}} \tag{8.84}$$

$$\frac{\rho}{\rho_0} = \left(1 - \frac{k-1}{k+1}\lambda^2\right)^{\frac{1}{k-1}} \tag{8.85}$$

$$\frac{a}{a_0} = \left(1 - \frac{k-1}{k+1}\lambda^2\right)^{\frac{1}{2}} \tag{8.86}$$

$$\frac{A}{A_*} = \frac{1}{\lambda}\left[\frac{2}{(k+1)-(k-1)\lambda^2}\right]^{\frac{1}{k-1}} \tag{8.87}$$

8.4.4　流量的计算

根据连续性方程 $Q_m = \rho u A$，并注意到

$$\rho = \rho_0\left(\frac{p}{p_0}\right)^{\frac{1}{k}}$$

$$u = \sqrt{2C_P(T_0-T)} = \sqrt{\frac{2k}{k-1}RT_0\left(1-\frac{T}{T_0}\right)} = \sqrt{\frac{2k}{k-1}\cdot\frac{P_0}{\rho_0}\left[1-\left(\frac{P}{P_0}\right)^{\frac{k-1}{k}}\right]}$$

便可得到完全气体一维等熵流动的质量流量计算公式

$$Q_m = \rho u A = A\rho_0\left(\frac{P}{P_0}\right)^{\frac{1}{k}}\sqrt{\frac{2k}{k-1}\cdot\frac{P_0}{\rho_0}\left[1-\left(\frac{P}{P_0}\right)^{\frac{k-1}{k}}\right]}$$

$$= A\sqrt{\frac{2k}{k-1}P_0\rho_0\left[\left(\frac{P}{P_0}\right)^{\frac{2}{k}}-\left(\frac{P}{P_0}\right)^{\frac{k+1}{k}}\right]} \tag{8.88}$$

式（8.88）表明，一维等熵流动的流体质量流量是压强比 P/P_0 的函数，即当气流的滞止参量和管道截面积 A 给定后，质量流量 Q_m 只与该截面上的压强比 P/P_0 有关。

质量流量 Q_m 与马赫数 Ma 之间的关系，也可通过连续性方程导出。已知

$$\rho = \rho_0\left(1+\frac{k-1}{2}Ma^2\right)^{-\frac{1}{k-1}}$$

$$u = Ma\cdot a = Ma\cdot a_0\left(1+\frac{k-1}{2}Ma^2\right)^{-\frac{1}{2}} = Ma\sqrt{\frac{kP_0}{\rho_0}}\left(1+\frac{k-1}{2}Ma^2\right)^{-\frac{1}{2}} \tag{8.89}$$

代入一维连续性方程，整理后得到

$$Q_m = A \sqrt{kP_0\rho_0} Ma \left(1 + \frac{k-1}{2}Ma^2\right)^{-\frac{k+1}{2(k-1)}} \tag{8.90}$$

式（8.90）表明一维等熵流的质量流量 Q_m 是马赫数 Ma 的函数关系式。当气流的滞止参量和管道截面积给定后，流体的质量流量只随该截面上的马赫数而变化。

如果令

$$K = \sqrt{\frac{k}{R}\left(\frac{2}{k+1}\right)^{\frac{k+1}{k-1}}} \tag{8.91}$$

$$q(Ma) = Ma\left[\left(\frac{2}{k+1}\right)\left(1 + \frac{k-1}{2}Ma^2\right)\right]^{-\frac{k+1}{2(k-1)}} \tag{8.92}$$

则式（8.90）可以写成以下形式

$$Q_m = K\frac{AP_0}{\sqrt{T_0}}q(Ma) \tag{8.93}$$

对于给定的气体，K = 常数。比较式（8.80）和式（8.92），可以发现

$$q(Ma) = \frac{A_*}{A}$$

如果用无因次速度 λ 代替马赫数 Ma，由式（8.93）可得质量流量的又一种表达形式

$$G = K\frac{AP_0}{\sqrt{T_0}}q(\lambda)$$

式中，$q(\lambda) = \dfrac{A_*}{A} = \lambda\left[\dfrac{(k+1)-(k-1)\lambda^2}{2}\right]^{\frac{1}{k-1}}$。

以上所导出的流量计算公式，对于任意截面上的亚音速流动或超音速流动都适用。

在流体的滞止参量给定不变的情况下，随管道上下游压强比 P_b/P_0 的降低，管中气流速度和质量流量将不断增大，当流动达到临界状态时，流体的质量流量将达到最大值。它不再随管道上下游压强比 P_b/P_0 的降低而改变，这种现象称为壅塞现象。现可简单证明如下：

根据式（8.90），令 $\dfrac{\mathrm{d}Q_m}{\mathrm{d}Ma} = 0$，可得

$$1 - \frac{k+1}{2}Ma^2\left(1 + \frac{k-1}{2}Ma^2\right)^{-1} = 0 \tag{8.94}$$

由此解出 $Ma = 1$，即在流速等于音速的临界状态下，流体的质量流量最大。在式（8.90）中只要令 $Ma = 1$，并注意到 $A = A_*$，即可得到最大的质量流量为

$$Q_{m,\max} = \left(\frac{2}{k+1}\right)^{\frac{k+1}{2(k-1)}} A_* \sqrt{kP_0\rho_0} \tag{8.95}$$

式（8.95）为临界状态下流体的质量流量计算公式。

8.5　喷管的计算

喷管的作用在于把气体的焓降最充分地转化为动能。根据喷管上下游气体压强比的不

同，喷管可分为亚音速喷管（收缩形喷管）和超音速喷管（拉瓦尔喷管）两类。

8.5.1 收缩形喷管

图 8 - 8 （a）所示为收缩形喷管，它连通着两个具有不同压强的空间，喷管进口前的压强为 P_0（滞止压强），喷管出口后的压强为 P_b，通常称作背压。以 P_e 表示喷管出口截面上的压强。若已知喷管截面的变化规律及流体的滞止状态参量 P_0，T_0，ρ_0 和背压 P_b，则由上节所讨论的公式不难确定整个喷管各截面上的各种流动参量。图 8 - 8 （b）、（c）中的曲线，表示在不同的背压条件下管内压强分布曲线和流体流动速度（Ma 数）的分布曲线。

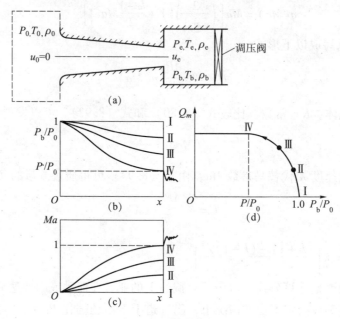

图 8 - 8 收缩形喷管工作特性

（1）若 $P_b/P_0 = 1$，则喷管中的压强为常数，如图 8 - 8 中曲线"Ⅰ"所示，此时管内并无流体流动，各截面上的马赫数都为零。

（2）若背压 P_b 下降，但在出口截面还没有达到声速，则喷管内将有流体流过，喷管各截面上的压强和马赫数都随之发生变化，出口截面处压强 P_e 与背压 P_b 相同。利用式（8.41），由 P_0/P_b 可求出喷管出口马赫数 Ma_b，即

$$Ma_b = \sqrt{\frac{2}{k-1}\Big[\Big(\frac{P_0}{P_b}\Big)^{\frac{k-1}{k}} - 1\Big]}$$

利用式（8.90），由 Ma_b 可求出质量流量 Q_m，即

$$Q_m = A_b \sqrt{kP_0\rho_0}\, Ma_b \Big(1 + \frac{k-1}{2}Ma_b^2\Big)^{-\frac{k+1}{2(k-1)}}$$

质量流量 Q_m 对于 P_b/P_0 的变化曲线如图 8 - 8 （d）所示。

喷管中各截面上的马赫数 Ma 可由式（8.79）得到

$$\frac{A}{A_\mathrm{e}} = \frac{Ma_\mathrm{e}}{Ma}\left(\frac{1 + \dfrac{k-1}{2}Ma^2}{1 + \dfrac{k-1}{2}Ma_\mathrm{e}^2}\right)^{\frac{k+1}{2(k-1)}} = \frac{Ma_\mathrm{e}}{Ma}\left[\frac{2 + (k-1)Ma^2}{2 + (k-1)Ma_\mathrm{e}^2}\right]^{\frac{k+1}{2(k-1)}}$$

喷管中 Ma 对 A/A_b 的分布曲线如图 8-8 （c）所示。显然，背压 P_b 越低，则管中同一截面上的压强越小，马赫数越大，且喷管中通过的流量越大。在出口流速达到音速之前，上述曲线只有数值上的差别而无本质区别，而且出口的压强 P_e 与背压 P_b 相等，如图 8-8 （b）、（c）中的 "Ⅱ" 及 "Ⅲ" 线所示。

（3）当背压 P_b 下降到一定的程度，出口流速达到音速时，此时喷管流量达到最大值。此时喷管出口处为临界状态：$u_\mathrm{e} = u_* = a_*$，$P_\mathrm{b}/P_0 = P_\mathrm{e}/P_0 = P_*/P_0 = \left(\dfrac{2}{k+1}\right)^{\frac{k}{k-1}}$。

（4）若背压 P_b 继续下降，则出口压强 $P_\mathrm{e} = P_*$ 不会改变，但 $P_\mathrm{b} < P_\mathrm{e}$。而管中的压强分布及马赫数分布仍如图 8-8 （b）、（c）中的 "Ⅳ" 线所示，流体的质量流量 Q_m 保持为常数。这种现象则为前面所说的 "壅塞现象"，即通过喷管的质量流量是有限制的，这正是可压缩流体在收缩形喷管中流动的重要特性之一。

8.5.2　拉瓦尔喷管

图 8-9 所示为拉瓦尔喷管。拉瓦尔喷管是亚声速流连续膨胀加速到超声速流的几何条件，但它仅是一个必要条件；为了实现亚声速流向超声速流的连续变化，还必须满足力学条件：喷管两端必须保持一定的压差。

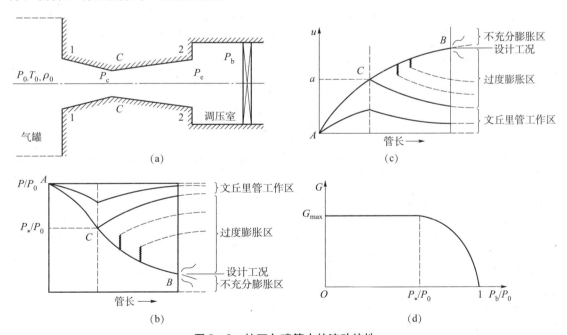

图 8-9　拉瓦尔喷管中的流动特性

（a）拉瓦尔喷管；（b）压强比沿管长的变化；（c）流速沿管长的变化；（d）流量随压强比的变化

拉瓦尔喷管连通着两个具有不同压强的空间，喷管进口前气罐内的压强为 P_0，喷管出口后调压室内的压强（简称背压）为 P_b，P_e 为喷管出口截面上的压强，以 P_c 表示喉口截面上的压强，P_2 和 P_* 分别代表拉瓦尔喷管在设计工况下出口截面上的压强及喉口截面上的临界压强。根据压力比 P_b/P_0 的不同，可压缩流体经拉瓦尔喷管的流动特征可分为四种情况，即文丘里管工作区、过度膨胀区、充分膨胀区和不充分膨胀区。

1）文丘里管工作区

若 $P_b/P_0 = 1$，则喷管中的压强为常数，此时管内没有流体流动。若调压室内背压 P_b 略有下降，则管内将有流体流过，随着 P_b 的逐渐下降，流量将逐渐增加。当气罐与调压室内的压差比较小时，气体流经拉瓦尔喷管在收缩段内流速逐渐增加，压强逐渐降低，至喉口截面处气流速度 u_c 达到最大值，但 $u_c \leqslant u_*$，压强 P_c 降至最小值，且 $P_c \geqslant P_*$；气体进入扩张段后，流速逐渐减小，压强逐渐升高，到达喷管出口截面处，气流速度减小为 u_e，气流压强升高为 P_e，并且 P_e 与调压室内的压强 P_b 相平衡，但 P_e 大于喷管在设计工况下的出口压强 P_2，即 $P_e = P_b > P_2$。

文丘里管工作区的最大速度值在喉口截面上，其可能达到的极限数值是临界音速。

2）过度膨胀区

随着调压室内压强 P_b 的降低，气罐与调压室内的压差相应增大，压强比 P_b/P_0 逐渐减小，喉口截面将出现临界压强 P_* 和临界速度 u_*。进入扩张段后，气体进一步膨胀加速，压强能逐渐转化为动能。

设计拉瓦尔喷管时，应严格避免产生正激波，因为超音速气流通过正激波后立即转变为亚音速气流，超音速喷管将失去意义。

3）充分膨胀区

当拉瓦尔喷管在设计工况（即等熵流动的理想工况）下工作时，气体的压强能能够充分地转化为动能，此种状况可称作完全膨胀或充分膨胀。在充分膨胀区内，气体沿喷管的流动始终是降压、膨胀、加速，在最小截面（喉口）处达到临界状态，然后在扩张段中继续降压、膨胀、加速达到超音速，在出口截面上压强降到设计压强 P_2，即 $P_e = P_2 = P_b$，如图 8-9（b）、（c）中的曲线 ACB。这时管口附近不会出现激波，也不会出现膨胀波。

4）不充分膨胀区

当调压室的压强 P_b 继续降低，使得 P_b 低于设计工况下的出口压强 P_2 时，超音速气流从出口截面流入低压空间，在出口边缘突然降压膨胀，产生膨胀波，气流经过膨胀波组后向外偏转 θ 角，并形成周期性的"膨胀—压缩"过程。由于超音速气流在喷管出口边缘所产生的膨胀波组不可能逆流向上传播，因此，在出口截面上的压强 P_e 仍保持为设计压强 P_2，即 $P_e = P_2 > P_b$，整个喷管内仍按图 8-9（b）、（c）中的 ACB 曲线降压膨胀加速。

例 8-5 空气沿扩散管道流动，在进口截面 1-1 处空气的压强 $P_1 = 1.033 \times 10^5 \text{ N/m}^2$，温度 $t_1 = 15 \text{ °C}$，速度 $v_1 = 272 \text{ m/s}$，进口截面 1-1 的面积为 10 cm²，在出口截面 2-2 处空

气速度降低到 72.2 m/s，$k = 1.4$。设空气在扩散管中的流动为绝能等熵流动，试求：（1）进、出口气流的马赫数；（2）进、出口气流总温及总压。

解： 依题意。

（1）进口面上的声速和马赫数

$$c_1 = \sqrt{kRT_1} = 340.17 \ (\text{m/s})$$

$$Ma_1 = \frac{v_1}{c_1} = 0.799 \ 6$$

$$T_1^* = T_1 \left(1 + \frac{k-1}{2} M_1^2\right) = 324.827 \ 1 (\text{K})$$

由于总温保持不变，因此 2 - 2 界面的临界声速、速度因数和马赫数分别为

$$a_{cr2} = a_{cr1} = \sqrt{2kRT_1^* / (k+1)} = 329.458 \ 5 (\text{m/s})$$

$$\lambda_2 = \frac{V_2}{a_{cr2}} = 0.219 \ 1$$

$$Ma_2 = \sqrt{\frac{2\lambda_2^2}{(k+1) - (k-1)\lambda_2^2}} = 0.200 \ 8$$

（2）由滞止参数、静参数与马赫数的关系得到进出口的总温和总压为

$$T_2^* = T_1^* = 324.827 \ 1 \ \text{K}$$

$$P_2^* = P_1^* = P_1 \left(1 + \frac{k-1}{2} M_1^2\right)^{\frac{k}{k-1}}$$

$$= 1.574 \ 0 \times 10^5 \ (\text{N/m}^2)$$

8.6　激　波

8.6.1　激波的概念和类型

激波又称冲击波，它是超声速气流在前进过程中遇到障碍物的阻滞或受到突然压缩时而出现的一种特殊的物理现象，激波是一种强压缩波。亚声速气流遇到阻滞或压缩时不会出现激波。

如图 8 - 10 所示，当超声速气流流过大的障碍物时（如超声速飞机、炮弹、火箭等在空中飞行），气流在障碍物前受到急剧的压缩，其压力和密度突然显著地增加。这时所产生的强压力扰动波将以比声速大得多的速度向周围传播，波面所到之处气流各参量将发生突然的变化。这种强压力扰动波就称为激波，或称为冲击波。气流通过激波面时，速度

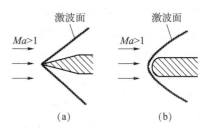

图 8 - 10　激波示意图

突然减小，而压力、密度和温度突然增大。原子弹爆炸后产生的气浪，就是强烈扰动的冲击波，它可把建筑物冲倒。

激波有三种类型：一种是正激波，激波面与气流的来流方向垂直，气流通过正激波后不改变来流的方向，如图 8 – 11（a）所示。另一种是斜激波，激波面与气流的来流方向不垂直，气流通过斜激波后要改变流动方向，如图 8 – 11（b）所示。第三种是曲面脱体激波，又称曲激波，它是由正激波（在中间部分）和斜激波组成的，如图 8 – 11（c）所示。

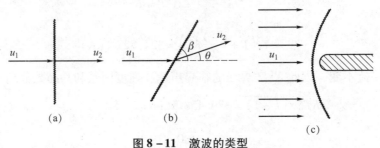

图 8 – 11　激波的类型

(a) 正激波；(b) 斜激波；(c) 曲激波

对于既无黏性又不导热的完全气体来说，激波面成为一种数学上的间断面，激波的厚度等于零。这种现象在物理上实际是不可能的，在实际气体中，必须要考虑黏性和热传导对激波的影响。由于黏性的存在，在激波中必然形成一个极薄层的过渡区，在过渡区中各参量发生连续的变化。所以在实际气体中，激波是有一定厚度的。气体分子运动学说证明，激波厚度与气体分子的平均自由程是同一数量级，为 $10^{-5} \sim 10^{-4}$ mm。各气流参量就在这个极小的激波厚度内连续地进行变化。所以在工程计算时也可以认为各气流参量是在一个几何断面上突然变化的，这就是说，可以把激波看作是一个不连续的间断面。

气流经过激波时，受到急剧地压缩，由于时间极短，因黏性内摩擦作用所产生的热量来不及外传，而使气流的熵增加。所以，激波的突跃压缩过程是一个不可逆的绝热过程，即非等熵过程。也就是说，超声速气流经过激波后，气流中的部分动能将不可逆的转变为热能而损失掉。因而产生一种超声速气流所特有的阻力损失，这种阻力损失称为波阻。波阻的大小与激波的形状有着密切的关系。实验和理论都证明，气流通过正激波时的波阻最大。

8.6.2　正激波的形成和传播速度

1. 正激波形成的物理过程

为了说明正激波形成的物理过程，图 8 – 12 所示为激波形成的过程。

在一个直圆管中充满静止的气体，若使活塞突然向右做加速运动，其速度从零迅速增加到 u，然后再做等速运动。活塞右侧的静止气体受压后被扰动而形成一个压缩波向右移动，已被扰动的气体的压力由 P_1 迅速升高到 P_2，设 $P_2 - P_1$ 是一个有限的增量。为了分析方便起见，假定把活塞的突然加速运动看作是由一系列经过相等的无穷小时间间隔而发生的瞬时微小加速运动组合而成，每次的速度增量均为 du，而有限的增量 $\Delta P = P_2 - P_1$ 可看作是无数个无穷小增量 dP 的总和。由此可认为在活塞右侧形成的压缩波是由一系列微弱扰动波叠加而成，每一个微弱扰动波的增量均为 dP。在活塞向右加速运动的第一个瞬间，产生第一个微弱扰动波以声速 a_1 传播到未被扰动的静止气体中去，该扰动波过后气体由静止状态变为微小的运动状态，其运动速度为 du，产生的增量为 dP；紧接着，在活塞向右加速运动的第二个瞬间，产生第二个微弱扰动波以声速 a_2 传播到已被第一个微弱扰动波扰动过的气体中去，其绝对传播速度为 $a_2 + du$，该扰动波过后气体的运动速度从 du 增加到 2du，压力增量由 dP 增加到 2dP；在活塞向右加速运动的第三个瞬间，产生第三个微弱扰动波以声速 a_3 传播到已被第二个微弱扰动波扰动过的气体中去，其绝对传播速度为 $a_3 + 2$du，该扰动波过后气体的运动速度从 2du 增加到 3du，压力增量由 2dP 增加到 3dP；以此类推，在活塞向右加速运动的第 n 个瞬间，产生第 n 个微弱扰动波以声速 a_n 传播到已被第 $n-1$ 个微弱扰动波扰动过的气体中去，其绝对传播速度为 $a_n + (n-1)$du，该扰动波过后气体的运动速度从 $(n-1)$ du 增加到 ndu，压力增量由 $(n-1)$ dP 增加到 ndP；以此类推，当 $n \to \infty$ 时，得到最后一个微弱扰动波的绝对传播速度为 $a_\infty + u$，最后一个微弱扰动波过后气体的速度增加到 u，压力增量增加到 $\Delta P = P_2 - P_1$。此外，每当一个微弱扰动波过后，气体的压力、密度和温度都略有增加，根据声速公式 $a = \sqrt{kRT}$，因此有 $a_1 < a_2 < a_3 \cdots < a_n$，也就是说，后面的弱扰动波的传播速度要比前面的弱扰动波的传播速度大（绝对传播速度 $a_1 < a_2 + du < a_3 + 2du < \cdots < a_\infty + u$）。经过一段时间后，后面的弱扰动波一个一个追赶上前面的弱扰动波，波形变得越来越陡，最后叠加成一个垂直于流动方向的具有不连续面的压缩波，它以大于声速的速度向前稳定传播，这就是正激波。由此可知，正激波可认为是由许多微弱扰动波叠加而成的具有一定强度的以超声速传播的压缩波。气流经过正激波后，除压力突跃地上升外，其密度和温度也同样突跃地增加，而流速则突然降低。

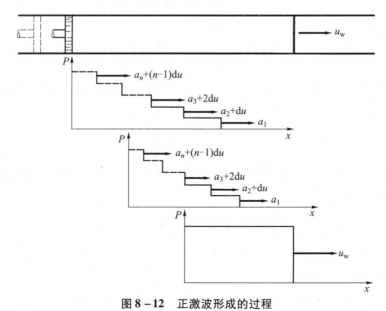

图 8-12　正激波形成的过程

2. 正激波的传播速度

如图 8-13 所示，在充满静止气体的直圆管中，若使活塞突然向右加速移动，管内就产生了一个强烈的压缩波，即正激波向右推进。假定在 $d\tau$ 时间内波面由 $2-2$ 移到 $1-1$，其间距为 dx，则激波面的推进速度（传播速度）为 $u_w = dx/d\tau$。同时，$2-1$ 区域内气体的压力和密度由 P_1 和 ρ_1 增加到 P_2 和 ρ_2。取 $2-1$ 区域为控制体，于是，在时间 $d\tau$ 内，$2-1$ 区域内气体的质量变化为

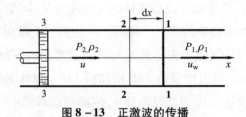

图 8-13 正激波的传播

$$dm = (\rho_2 - \rho_1)A dx \qquad (8.96)$$

式中，A 为圆管的横截面积。与此同时，气流由 $3-2$ 区域进入 $2-1$ 区域的质量为

$$dm = \rho_2 u A d\tau \qquad (8.97)$$

式中，u 为激波过后气流的速度。根据连续性条件，式（8.96）必与式（8.97）相等，于是得到激波的传播速度与激波后气流的速度的关系为

$$\frac{dx}{d\tau} = u_w = \frac{\rho_2 u}{\rho_2 - \rho_1} \qquad (8.98)$$

在时间 $d\tau$ 内，原来在 $2-1$ 区域内的气体从静止状态进入速度为 u 的运动状态。由动量定理可知，对应的动量变化量应等于作用力的冲量，而作用力便是作用在 $2-2$ 和 $1-1$ 截面上的压力差，即

$$(P_2 - P_1)A d\tau = \rho_1 A dx(u - 0)$$

整理得

$$\frac{dx}{d\tau} = u_w = \frac{P_2 - P_1}{\rho_1 u} \qquad (8.99)$$

由式（8.98）和式（8.99）消去 u，即得到正激波在静止气体中的传播速度为

$$u_w = \sqrt{\frac{p_2 - p_1}{\rho_2 - \rho_1} \cdot \frac{\rho_2}{\rho_1}} \qquad (8.100)$$

如果波的强度很弱，压力和密度的增加量都极微小，即 $P_2 \approx P_1$，$\rho_2 \approx \rho_1$，于是可将式（8.100）写成

$$u_w = \sqrt{\frac{P_2 - P_1}{\rho_2 - \rho_1} \cdot \frac{\rho_2}{\rho_1}} = \sqrt{\frac{dP}{d\rho}} = a$$

即微弱的压缩波是以声速传播的。

由式（8.98）和式（8.99）消去 u_w，得到波面后气流的速度为

$$u = \sqrt{\frac{(P_2 - P_1)(\rho_2 - \rho_1)}{\rho_1 \rho_2}} \qquad (8.101)$$

由此可见，激波的强度越弱，波面后气体的流速越低。如果是微弱的声波，波面后的气体是没有运动的。因为由式（8.101）可看出，在 $P_2 \approx P_1$ 和 $\rho_2 \approx \rho_1$ 时，$u \approx 0$。

8.6.3　正激波前后气流参量的关系

上面讨论了正激波的形成过程及其在静止气体中的传播速度，现在再来讨论正激波前后各气流参量之间的关系。为了研究方便起见，假设直圆管中的气流以激波的传播速度向左流动，这时，正激波的波面在管内将固定不动，处于相对静止状态，如图 8 - 14 所示。这样就有 $u_1 = u_w$，$u_2 = u_w - u$，流速方向向左；超声速气流经过正激波时发生突然压缩，流速 u_1 突然下降到 u_2，压力、密度和温度则由 P_1、ρ_1 和 T_1 突然升高到 P_2、ρ_2 和 T_2。下面我们利用连续性方程、动量方程、能量方程和状态方程等来寻求正激波前后各气流参量之间的关系。

取控制体"1122"如图 8 - 14 所示。由于圆管的截面不变，所以连续性方程和动量方程可写成

$$\rho_1 u_1 = \rho_2 u_2 \tag{8.102}$$

$$P_1 - P_2 = \rho_1 u_1 (u_2 - u_1) \tag{8.103}$$

或

$$P_1 + \rho_1 u_1^2 = P_2 + \rho_2 u_2^2 \tag{8.104}$$

气流通过正激波的过程是绝热的压缩过程，所以气流在激波前后的总能量相等，并保持不变，即

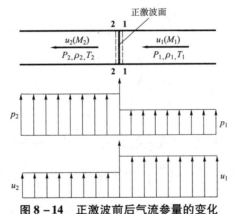

图 8 - 14　正激波前后气流参量的变化

$$\frac{k}{k-1} \cdot \frac{P_1}{\rho_1} + \frac{u_1^2}{2} = \frac{k}{k-1} \cdot \frac{P_2}{\rho_2} + \frac{u_2^2}{2} = \frac{k+1}{2(k-1)} a_*^2 \tag{8.105}$$

正激波前后气体的状态方程

$$\frac{P_1}{\rho_1 T_1} = \frac{P_2}{\rho_2 T_2} \tag{8.106}$$

利用以上诸方程，可以求得正激波前后各气流参量之间的关系。

正激波前后压力、密度关系式

由动量方程式可得

$$u_2 - u_1 = \frac{1}{\rho_1 u_1}(P_1 - P_2) \tag{8.107}$$

上式两边同乘以 $(u_2 + u_1)$，得

$$u_2^2 - u_1^2 = \frac{u_2 + u_1}{\rho_1 u_1}(P_1 - P_2) \tag{8.108}$$

注意到连续性方程，上式可写成

$$u_2^2 - u_1^2 = \left(\frac{1}{\rho_1} + \frac{1}{\rho_2}\right)(P_1 - P_2) \tag{8.109}$$

由能量方程式可得

$$u_2^2 - u_1^2 = \frac{2k}{k-1}\left(\frac{P_1}{\rho_1} - \frac{P_2}{\rho_2}\right) \tag{8.110}$$

由式（8.109）和式（8.110）得到

$$\left(\frac{1}{\rho_1} + \frac{1}{\rho_2}\right)(P_1 - P_2) = \frac{2k}{k-1}\left(\frac{P_1}{\rho_1} - \frac{P_2}{\rho_2}\right) \tag{8.111}$$

上式两边同乘以 ρ_2/ρ_1，得到

$$\left(\frac{\rho_2}{\rho_1} + 1\right)\left(1 - \frac{P_2}{P_1}\right) = \frac{2k}{k-1}\left(\frac{\rho_2}{\rho_1} - \frac{P_2}{P_1}\right) \tag{8.112}$$

整理后，得到

$$\frac{P_2}{P_1} = \frac{\dfrac{k+1}{k-1} \cdot \dfrac{\rho_2}{\rho_1} - 1}{\dfrac{k+1}{k-1} - \dfrac{\rho_2}{\rho_1}} \tag{8.113}$$

或

$$\frac{\rho_2}{\rho_1} = \frac{\dfrac{k+1}{k-1} \cdot \dfrac{P_2}{P_1} + 1}{\dfrac{k+1}{k-1} + \dfrac{P_2}{P_1}} \tag{8.114}$$

式（8.113）和式（8.114）就是气流经过正激波时受到突跃压缩的压力、密度关系式。与等熵过程的压力、密度关系式 $\dfrac{\rho_2}{\rho_1} = \left(\dfrac{p_2}{p_1}\right)^{\frac{1}{k}}$ 相比较可以看出，等熵压缩时，当 $p_2/p_1 \to \infty$，则 $\rho_2/\rho_1 \to \infty$，即等熵压缩时，气体的密度随其压力的升高可无限增加；而激波压缩时，当 $p_2/p_1 \to \infty$，则 $\rho_2/\rho_1 \to (k+1)/(k-1)$，即激波压缩的强度无限增大时，气体的密度最多增加 $(k+1)/(k-1)$ 倍。例如，当 $k = 1.4$ 时，气体的密度最多只增加 $(k+1)/(k-1) = 6$ 倍。

例 8-7 已知空气流在正激波前的参量为 $p_1 = 80 \text{ N/m}^2$，$t_1 = 15 \text{ ℃}$，$u_1 = 550 \text{ m/s}$，试求正激波后的气流参量 p_2、ρ_2、t_2 和 u_2。

解： 正激波前气流中的声速、气流的马赫数和密度分别为

$$a_1 = \sqrt{kRT_1} = \sqrt{1.4 \times 287 \times (273 + 15)} = 340(\text{m/s})$$

$$Ma_1 = \frac{u_1}{a_1} = \frac{550}{340} = 1.62$$

$$\rho_1 = \frac{p_1}{RT_1} = \frac{80}{287 \times (273 + 15)} = 9.68 \times 10^{-4} \, (\text{kg/m}^3)$$

波后各气流参量分别为

$$p_2 = p_1 \left(\frac{2k}{k+1} M_1^2 - \frac{k-1}{k+1} \right) = 80 \times \left(\frac{2 \times 1.4}{1.4+1} \times 1.62^2 - \frac{1.4-1}{1.4+1} \right) = 232 \, (\text{N/m}^2)$$

$$\rho_2 = \frac{\rho_1(k+1)M_1^2}{2+(k-1)M_1^2} = \frac{9.68 \times 10^{-4} \times (1.4+1) \times 1.62^2}{2+(1.4-1) \times 1.62^2} = 2.0 \times 10^{-3} \, (\text{kg/m}^3)$$

$$T_2 = \frac{p_2}{\rho_2 R} = \frac{232}{2.0 \times 10^{-3} \times 287} = 404 \, (\text{K})$$

$$t_2 = 404 - 273 = 131 \quad (\text{℃})$$

$$u_2 = u_1 \frac{\rho_1}{\rho_2} = 550 \times \frac{9.68 \times 10^{-4}}{2.0 \times 10^{-3}} = 266 \quad (\text{m/s})$$

习　　题

8.1　炮弹在 15 ℃ 的大气中以 950 m/s 的速度射出，求它的马赫数和马赫角。

8.2　做绝热流动的二氧化碳气体，在温度为 65 ℃ 的某点处的流速为 18 m/s，求同一流线上温度为 30 ℃ 的另一点处的流速值。

8.3　等熵空气流的马赫数为 $Ma = 0.8$，已知其滞止压强为 $P_0 = 4.9 \times 105 \, \text{N/m}^2$，滞止温度为 $t_0 = 20$ ℃，试求其滞止音速 a_0、当地音速 a、气流速度 u 及压强 P。

8.4　氢气做绝热流动，已知 1 截面的参量为 $t_1 = 60$ ℃，$u_1 = 10$ m/s，2 截面处 $u_2 = 180$ m/s，求 t_2、Ma_1 和 Ma_2 以及 P_2/P_1。

8.5　空气流经一收缩形管嘴做等熵流动，进口截面流动参量为 $P_1 = 140 \, \text{kN/m}^2$，$T_1 = 293$ K，$u_1 = 80$ m/s，出口截面 $P_2 = 100 \, \text{kN/m}^2$，求出口温度 T_2 和流速 u_2。

8.6　有一充满压缩空气的储气罐，其内绝对压力 $P_0 = 9.8$ MPa，温度 $t_0 = 27$ ℃，打开气门后，空气经渐缩喷管流入大气中，出口处直径 $d_e = 5$ cm，试求空气在出口处的流速和质量流量。

8.7　空气经一收缩形喷管做等熵流动，已知进口截面流动参量为 $u_1 = 128$ m/s，$P_1 = 400 \, \text{kN/m}^2$，$T_1 = 393$ K，出口截面温度 $T_2 = 362$ K，喷管进、出口直径分别为 $d_1 = 200$ mm，$d_2 = 150$ mm，求通过喷管的质量流量 G 和出口流速 u_2 及压强 P_2。

8.8　试计算流过进口直径 $d_1 = 100$ mm，绝对压力 $P_1 = 420 \, \text{kN/m}^2$，温度 $t_1 = 20$ ℃；喉部直径 $d_2 = 50$ mm，绝对压力 $P_2 = 350 \, \text{kN/m}^2$ 的文丘里管的空气质量流量，设为等熵过程。

8.9　氢气由大容器中经喷管流出，外界环境压强为 100 kN/m²，容器内气体的温度为 200 ℃，压强为 180 kN/m²，如通过的重量流量为 20 N/s，求喷管直径。设流动为等熵，氢的气体常数为 $R = 482 \, \text{J/(kg·K)}$，绝热指数 $k = 1.32$。

8.10 空气流等熵地通过一文丘里管。文丘里管的进口直径 $d_1 = 75$ mm，压力 $P_1 = 138$ kN/m^2，温度 $t_1 = 15$ ℃，当流量 $G = 335$ kg/h 时，喉部压力 P_2 不得低于 127.5 kN/m^2，问喉部直径为多少？

8.11 空气在直径为 10.16 cm 的管道中等熵流动，其质量流量为 1 kg/s，滞止温度为 38 ℃。在管道某截面处的静压为 $41\ 360$ N/m^2，试求该截面处的马赫数 Ma、流速 u 及滞止压强 P_0。

8.12 用毕托管测得空气流的静压为 $35\ 850$N/m^2（表压），全压与静压之差为 49.5 cmHg①，大气压力为 75.5 cmHg，气流滞止温度为 27 ℃。假定（1）空气不可压缩；（2）空气等熵流动，试计算空气的流速。

8.13 已知正激波后气流参量为 $P_2 = 360$ kN/m^2，$t_2 = 50$ ℃，$u_2 = 210$ m/s，试求波前气流的马赫数 Ma_1 及气流参量 P_1、t_1 和 u_1。

8.14 空气流在管道中产生正激波，已知激波前的参量 $Ma_1 = 2.5$，$P_1 = 30$ kN/m^2，$t_1 = 25$ ℃。试求激波后的参量 Ma_2、P_2、t_2、u_2 及 ρ_2。

8.15 拉瓦尔喷管喉部最小截面积为 4×10^{-4} m^2，出口截面的面积为 6.76×10^{-4} m^2，喷管周围的大气压力为 1×10^5 Pa，喷管进口气流总温为 288 K，求：当进口气流总压为 1.5×10^5 Pa 时，喷管出口处气流的 Ma 数、空气流量以及管中有激波时激波的位置。空气绝热指数为 $k = 1.4$，气体常数 $R = 287$ J/(kg·K)。

---

① 厘米汞柱，1 cmHg = 1 333 Pa。

参 考 文 献

[1] 孔珑. 流体力学 ［M］. 北京：高等教育出版社，2011.

[2] 袁恩熙. 工程流体力学 ［M］. 北京：石油工业出版社，2011.

[3] 倪玲英. 工程流体力学 ［M］. 北京：中国石油大学出版社，2012.

[4] 黄卫星，等. 工程流体力学 ［M］. 北京：化学工业出版社，2016.

[5] 是勋刚. 湍流 ［M］. 天津：天津大学出版社，1994.

[6] 张兆顺. 湍流 ［M］. 北京：国防工业出版社，2002.

[7] 波普. 湍流 ［M］. 北京：世界图书出版公司北京公司，2010.

[8] 博哈. 湍流研究中的动力系统方法 ［M］. 北京：世界图书出版公司北京公司，2012.

[9] 范宝春，董刚，张辉. 湍流控制原理 ［M］. 北京：国防工业出版社，2000.

[10] 刘士和，刘江，罗秋实，等. 工程湍流 ［M］. 北京：科学出版社，2010.

[11] 欧特尔，等. 普朗特流体力学基础 ［M］. 北京：科学出版社，2008.

[12] 翟庆良. 湍流新理论及其应用 ［M］. 北京：冶金工业出版社，2009.

[13] 张兆顺，崔桂香，许春晓. 湍流大涡数值模拟的理论和应用 ［M］. 北京：清华大学出版社，2008.

[14] 周光坰. 流体力学 ［M］. 北京：高等教育出版社，2005.

参 考 文 献